中国男装

陈仲辉 著

中国男装

图书在版编目（CIP）数据

中国男装 / 陈仲牂著．-- 北京：生活·读书·新知三联书店，二〇一三．四
ISBN 978-7-108-04249-1

Ⅰ．①中… Ⅱ．①陈… Ⅲ．①男服—历史—中国—图解 Ⅳ．①TS941.718-092

中国版本图书馆 CIP 数据核字 (2012) 第 214224 号

责任编辑　石雅如
装帧设计　范晔文
出版发行　生活·讀書·新知 三联书店
（北京市东城区美术馆东街22号）　邮编 一〇〇〇一〇
经　　销　新华书店
印　　刷　北京信彩瑞禾印刷厂
版　　次　二〇一三年四月北京第一版
二〇一三年四月北京第一次印刷
开　　本　889 毫米 × 1194 毫米　1/32　印张 12.5
字　　数　六〇千字
印　　数　一 —— 八千册
定　　价　四十八 元

献给屈原先生

序

赵广超

传统时装分析认为，女性天生就具有一种不可思议的能力，每朝对镜梳妆时例必自动化身为「男性」来检阅，以「他」和「他们」的眼睛来调整一天的仪容服饰。于是，直到上世纪中叶，从高级裁缝到时装设计师都几乎是「他」。红妆注定被欣赏，一派「父系男权」的观点。直至社会发展到男女半边天，大家才开始关注大男人到底一直穿什么，说「事事关心」的中国大男人一直没有「为悦己者容」才不可思议。我的好朋友、香港著名时装设计师陈仲辉先生（Silvio Chan）花了四年时间，用他的专业角度，替大家细看从头，看屈原《离骚》时的行头、雍正的角色扮演……历数古今美男子，各自风流，流至近代《男装》事。

自序

陈仲辉

看中国男装，就像看中国历史，通过认识男装的发展，能了解父系社会下的价值观和审美观。中国男装分上下两篇，上篇为男，下篇为装，全书以史实为基础，设计为核心，系统地分析男人和时装。上篇十一章，分别是时尚之父、时装教主、另类缪斯、潮流推手、时装精、万人迷、服妖、怪癖、男体、朝圣和寻找完美男人，用时尚去解构我们熟悉的名字，才惊觉屈原、孔子、竹林七贤、苏东坡、诸葛亮、雍正、溥仪等人都与时尚息息相关。爱美之心，人皆有之，皇帝与平民都一样，但是不同的年代，却造就不同的男人。汉以前，中国男人文武双全，汉以后，却变成文弱书生，后来更被贬称为东亚病夫。中国男人的气质，好像一代不如一代，今天的大款，富而不贵，个中原因，值得深思。下篇十七章，分别是变革、审美、阶级、形制、裁剪、工艺、衣料、纹样、色彩、日常服、功能服、首服、足衣、配饰、过去、现在和未来。中国历来以衣冠文明而享誉世界，在世界男装系统中，中国男装自成一派，独特的造型，精美的丝织品，非凡的工艺，斑斓的色彩，加上图必有意，意必吉祥，反映人民对美好的向往。同时又带出森严的等级观念，宁穿破，莫穿错，违反等级是绝对不容许的，因此从衣着的面料、款式、色彩和纹样，就能分辨一个人的身份。以汉族为主的中国，历代服饰其实并不是单一的汉制，更多时候是采用一国两制，汉制和胡制，两种服制时而并用，时而排斥。当代时尚以西服为主，年轻人大都只是关注西方潮流，对自身的传统服饰反而感觉陌生，因而兴趣大减，其实早在唐朝，首都长安已是国际大都会，各国型人都来朝圣，时尚之风比当今巴黎或纽约更甚。因此在中国传统服饰日渐淡化的今天，希望此书能帮助年轻一代，加深自身文化的认识，和对中国男装的关注，在未来中国男装得以有更好的发展。

上篇

01

时尚之父

史上最狠毒的时装宣言

我头戴极高的冠，
身挂很长的佩饰……
我佩戴得这样繁多美丽，
香气四散。
人各有其所好，
我独爱讲究穿着，
就算把我支解也不会改变，
岂是一点威胁就可以动摇我的心。
——译自屈原《离骚》

奇装异服

屈原的爱国诗人形象，深入民心，

但屈原是一个奇装异服倡导者，可能很多人都不知道。

其实屈原是一个特别注重外表修饰的人，他认为这是一种美德，

在屈原的作品中，提及穿着打扮的文字非常多，

描述大胆外露，观点离经叛道，完全超出我们想象，

形容他为时尚之父，绝不为过，看看他在《九章》中如何描述自己：

「余幼好此奇服兮，年既老而不衰」，成语「奇装异服」就源于此。

屈原是一个完美的浪漫主义者，特别钟爱花花草草，

他在《离骚》中多处提及采集香草，喜欢用来做佩饰，修饰自己外表，

他还大胆地发表自己的时装宣言：「高余冠之岌岌兮，

长余佩之陆离……佩缤纷其繁饰兮，芳菲菲其弥章，

民生各有所乐兮，余独好修以为常，虽体解吾犹未变兮，岂余心之可惩。」屈原不可能不知道发出这样宣言的后果，但他的立场如此坚定，反映他对现实非常失望和悲愤，才会说出这样惊世的宣言。

DESIGNED BY 屈原

屈原还在《离骚》中写道，用荷叶裁成上衣，荷花做成下裳，其实屈原不单只喜欢用荷花做衣裳，各类花花草草他都喜欢，是一个不折不扣的花痴。

因为崇拜　所以颠覆

称屈原为时尚之父不是人人都能接受，反对的人会批评他衣着浮夸，违反儒家礼仪，认为他的时装宣言只是邪教，一点正气都没有，怎能称得上时尚之父？其实刚好相反，屈原不但不是一个儒家反对者，甚至非常推崇儒家礼教，只不过推崇儒家礼教多体现在他治国的理念上，在审美情趣上，屈原则较倾向道家的自然，讲求无拘无束，自我解放。

因此屈原的性格是一个综合体，他遵从儒家道德的教训，但不会盲目，他讲求道家的忘我，但不会放纵。屈原性格非常复杂多面，他激情爱国，浪漫忧郁，既严谨又率真，既前卫又尊古；他既是天才，又是疯子，这样亦正亦邪的性格，在中国历史上前无古人，后无来者，作为时尚之父，当之无愧。

02

时装教主

君子

穿对的 不是穿喜欢的

孔子用他的一生试图建立一个理想国，
理想国里人人都是君子。
虽然孔子最终带着遗憾离开世界，
但他没有想到他的教训影响着后来一代又一代，
甚至整个中华民族。孔子提倡以礼治国，
服装成为体现礼仪重要的一部分，
因此他常常教导他的学生，注重衣着整齐就是礼，
不修仪容视为非礼。孔子把有礼的人称为君子，
君子是孔子对人格的一种道德评判标准。
孔子说，「文质彬彬，然后君子」，
质是人的内在品质，文是人的外在形象，

只有文和质都俱备，才是君子。孔子又补充说：

「质胜文则野，文胜质则史」，

质胜过文会显得粗野，文胜过质会显得浮夸，

君子成了中国人对理想男人的人格典范，

道德情操的标准。在《论语》中，

孔子对君子的穿着用心良苦地作出说明，

他认为君子必须遵守，就像西方绅士一样，

穿着上也有很多教条。虽然君子不等同于绅士，

但相同的是他们同样强调穿着的规矩，

规矩的核心理念是穿对的，

而不是穿自己喜欢的。

君子教条

孔子说：君子不能用深青色和黑红色的布镶边，
不能用红色或紫色布做家居服，
夏天不管穿粗或细的葛布薄衣，出门时必须加穿外衣，
黑衣需配黑羊皮袍，白衣需配白鹿皮袍，
黄衣需配黄狐皮袍，家居皮衣要做长一些，
右边袖要做短一些。睡觉必须要有小被，
长度为一身半，用厚狐貉皮做坐垫，丧服期满才可戴佩饰，
除了朝祭服可用整幅布做不加裁剪外，
其他一律要裁短一些。不能穿黑羔羊皮袍和戴黑帽去吊丧，
每月初一一定要穿礼服去朝贺，斋戒一定要穿布做的浴衣，
以及改变平常的饮食，还有必须戒行房。

绅士教条

绅士不能用白色袜子来配正装，
袜子的长度应足够拉到小腿肚，以防止坐下来时露出皮肤，
穿着单排扣西装褛，永远别扣最下的一个纽扣，
但双排扣西装褛则全部扣上。
最好选择毛料衬底领子的西装褛，因为更贴服颈部。
西装褛长度要刚好盖过臀部，西装褛侧袋不应用来装东西，
名片除外，为了口袋不变形，最好保留口袋缝线不要拆开，
衬衫袖必须比西装褛袖长二厘米。
衬衫下要穿汗衫，领带的长度要长至皮带扣，
裤子不能太紧，别让人看出内裤脚线，
裤的长度应在鞋面上有少许下垂，不能过短像吊脚。

君子也发火

恶紫夺朱

孔子最不能忍受别人改动他的教条，
面对别人改动颜色，
彬彬有礼的孔子也发火，
孔子说「恶紫之夺朱也」，
别人以紫色代替朱红色，
孔子认为是非礼的举动，
这样改动是不能接受的，
因为在传统上，
紫色不是正色，
朱红色才是正色，
邪色是不能胜正色的。

狠批学生

子路是孔子弟子之中个性最突出的一个，
他在成为孔子弟子前，是一个街头小霸王，
个性刚直，好勇斗狠，穿着粗野，
喜欢头戴鸡公式帽子，腰佩公猪形挂饰，
穿着十分张扬浮夸，他在追随孔子之前，曾经欺凌孔子，
后在孔子的礼乐教化下，改变了穿衣风格，
最后成为孔子的学生。子路改掉他的粗野穿着之后，
有一次他满心高兴，精心装扮，非常气派，
一身盛装去见孔子，孔子却不悦且狠批了子路一顿：
你这么傲慢，衣服太华丽，满脸得意的神色，
不是弟子应该的穿着，这样穿着的学生，
没有人会喜欢教导你。此时子路才发现自己穿着过了头，
赶紧回家换衣服。

03 另类缪斯

中国嬉皮士

魏晋时期有七个名士，他们身上结合了文人气质和前卫精神，
他们以崇尚虚无，任情不羁而享负盛名，后人称他们为竹林七贤：
嵇康、阮籍、山涛、刘伶、王戎、向秀和阮咸，他们鄙弃权势，不慕荣华富贵，
不追逐名利，可做官而不做，宁保留独立个性，追求逍遥生活。
他们生活上痛苦，精神上自由，他们穿着轻薄飘逸、简约宽松的衫子，衫领敞开，
袒露胸怀，赤脚散发，有的梳丫角髻，有的包巾子，文人作这种地位低微的打扮，
目的是表现他们敢于突破传统礼教的束缚。他们开创了一种新的生活态度，
越名教而任自然，苦闷之时，他们相约竹林中开怀大饮，借酒消愁，
他们抚琴吟诗，服用五石散，忘却人间烦恼，他们的行为很像西方的嬉皮士。
竹林七贤是极端的完美主义者，他们对完美的追求近乎病态，他们唯美，
浪漫，解放，疯狂，智慧，悲壮，他们的行为被部分人攻击，但被更多人仰慕。
他们在中国历史上留下不可替代的人格魅力和荡气回肠的生命色彩，
直至今天仍然是无数人的缪斯，带给人们无限的创作灵感。

五石散

五石散相当于今天的兴奋剂，主要由石钟乳、石硫磺、白石英、紫石英和赤石脂五种矿物组成。在魏晋时期文人间非常流行，可以让人亢奋，他们对五石散上瘾就像西方嬉皮士吸食大麻一样，借此暂时忘却人间痛苦，寻找心灵寄托。五石散性热，吃后令人全身发热，然后又发冷，然而服五石散发冷和普通发冷不同，服五石散后发冷一定要少穿衣，冷食和冷水浇身，若多穿衣和热食，则必死无疑，所以魏晋名士都穿宽松的衣服，免得服药后皮肤被衣服擦伤。魏晋名士用消极放纵的态度，服药饮酒的方法，来对抗黑暗的现实，历来褒贬不一。

广陵散

《广陵散》被誉为中国最美的乐曲，其来历有一个美丽的传说：
在一个寂静的深夜，一位神秘的古人与嵇康相遇，
古人弹奏一曲《广陵散》令嵇康非常沉醉，
古人把曲子传授给嵇康，并吩咐不可传给第二个人。
嵇康是一个音乐家，个性傲气和正义，因为不愿与当权者同流合污，
惹上杀身之祸。临刑前为了答谢帮他请愿的三千名太学生，
在刑场上从容不迫地演奏一曲《广陵散》，琴音划破了死寂的刑场，
时而高亢，时而低沉，在场的士兵都感动下泪，
曲终时嵇康留下最后一句：「《广陵散》从今绝矣！」
嵇康悲壮而惨烈的一生，令人惋惜，
而《广陵散》一曲则成为千古绝响。

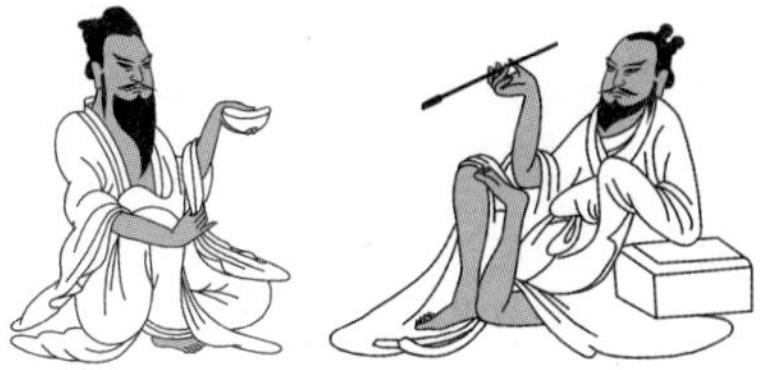

竹林七贤

在南京古墓发现的晋砖画上，可看见竹林七贤的穿衣打扮，他们衫领敞开，袒露胸怀，赤脚散发，有的梳丫角髻，有的包巾子。

王戎　王戎在竹林七贤中年龄最小，参加竹林聚会时只有十五岁，出身名门望族，是个神童。赤脚的王戎面对着山涛，手拿搔背用的如意，穿宽松的衫子，梳丫角髻。

山涛　竹林七贤中山涛年龄最大，参加竹林聚会时已四十多岁，他与嵇康和阮籍是要好朋友。头戴巾子的山涛也是赤脚，身穿宽松的衫子，左手端着一碗酒，右手拉着左腕的袖子，像在敬酒。

阮籍　阮籍自小奇才异质，与众不同，博览群籍，特别好老庄。阮籍卷起袖子，赤脚盘膝，在吹口哨的样子，他身穿宽松的衫子，头包巾子。

嵇康　嵇康是有名的音乐家，会打铁的大帅哥，身高一米八，他抛弃功名，走进深山打铁，过着清苦却自由的生活，性格有点高傲，不爱跟人来往，只爱独自弹琴。嵇康和阮籍对坐，梳丫角髻，同样穿宽松的衫子和赤脚。

向秀　向秀与山涛是同乡，他是思想家，也擅长诗赋，他头包巾子，赤脚，身穿宽松的衫子，衫领敞开，袒露胸怀，正思考问题。

刘伶 刘伶人矮小，身高只有一米四，其貌不扬，不问世事，只爱喝酒，是一个诙谐搞怪的人。他醉酒后会脱光衣服，被人撞见了，他会说我把天地当房屋，把房屋当衣服，你们为什么要走进我的衣裤里。刘伶身穿宽松的衫子，梳丫角髻，赤脚，正端着一碗酒。

阮咸 阮咸也是音乐家，他怀中抱着一张直琵琶，是他自己发明的，所以后人都称这乐器名「阮」。古时每年七月七日，有晒衣服的习俗，有钱人会把华美的皮裘和丝绸挂在高竿上，炫耀他们的财富。阮咸为了向他们示威，把自己的粗布短裤挂到高竿上，以粗布短裤对抗皮裘丝绸。阮咸同样身穿宽松的衫子，头包巾子，赤脚。

推潮手流 04

生活艺术家

在历史的长河中，
不乏时尚达人，
他们的态度、
喜好和情趣，
每每被视为潮流，
而被人加以模仿，
留存佳话，
其影响力，
比起当今达人，
有过之而无不及。

齐桓公 紫袍

以一己之爱改变对紫色的观念

中国人喜爱紫色，认为紫色代表大富大贵，紫色不只受平民百姓喜爱，
更受皇家赏识，帝王居住的地方皆以紫色为名，长安有紫宸殿，
北京有紫禁城。其实有这个现象需要感谢战国时期的齐桓公，
他改变了中国人对紫色的观念。在古代，色彩有正色、间色之分，
紫色并不是正色，不能登大雅之堂，卑微的紫色只能做内衣和衬里，
但地位崇高的齐桓公不理礼教的约束，偏偏喜欢穿紫袍，当他穿了紫袍后，
不但没受批评，臣民更争相效仿，连其他小国的人民也穿上紫色衣服，
一时间把齐国的紫色丝绸价格提升十倍以上，
紫色就这样在人民的观念里起了变化，日后甚至提升为无比神圣的极色。
齐桓公以一己之爱，改变人民对紫色的观念，
令紫色从低微之色提升成为尊贵的极色，在历史长河中只此一人。

独孤信 侧帽

侧帽风流

公元五零二年，独孤信出生在北魏一个小鲜卑部落，
原名独孤如愿，他是一名大帅哥，人长得一表人才，
精于骑射，军中众人称他为独孤郎，他非常自恋，
特别讲究修饰打扮，又喜欢耍帅。
有一次到郊外打猎，等到晚霞满天，
策马回城，迎风急驰，帽子无意中偏到一边，
第二天起来一看，满城人都侧戴帽子，
效仿这个帅呆子的新造型，
独孤信的侧帽潮流从此留存佳话。
独孤信由年轻帅到老，终年五十五岁。

苏东坡
东坡巾

冠名之最

宋代苏东坡是生活艺术家、时尚达人，他的生活态度、情趣、喜好，都被视为时尚而加以模仿，以他名字所冠名的穿着和美食十分之多，东坡巾、东坡肉、东坡饼、东坡鱼、东坡壶等样样流行。凡与苏东坡有关的一事一物，都变成众人收藏，他的影响力之大，相对时下的时尚达人，有过之而无不及。

至于苏东坡戴的东坡巾，名气更是非比寻常，士大夫们都争相效仿。东坡巾又名子瞻帽，筒高檐短，帽子由坚挺的乌纱制成，内外两层，内层高外层低，外层叠出四角，其中正对两眉中心的一角分开。东坡巾直到明代仍然在士大夫中盛行，只是将高度降低，并在脑后加上一块纱帛，随风飘动。现今虽没有人戴东坡巾，但其实它并没有真正消失，只是借尸还魂成为装修工人的折纸帽而已。

东坡巾

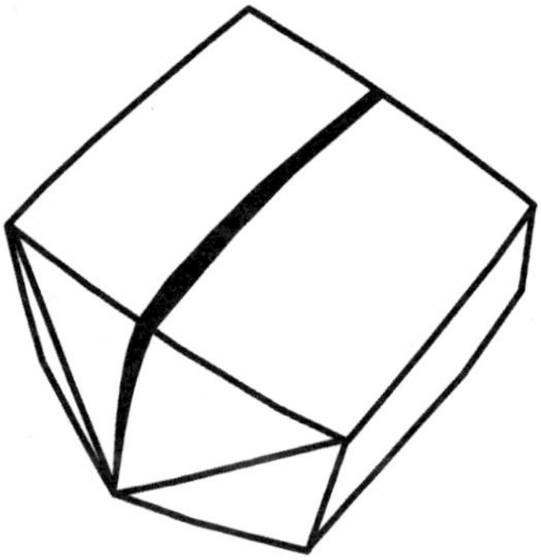

折纸帽

诸葛亮 羽扇

诸葛亮与羽扇

头戴纶巾，手持羽扇，指点江山，
这就是诸葛亮的形象。历史上以一件饰物来塑造一个人的形象，
并不是没有，但好像诸葛亮般家传户晓，则少之又少。
诸葛亮的羽扇纶巾形象太特别了，以至人们很少怀疑过，
苏东坡在《念奴娇·赤壁怀古》中写的羽扇纶巾，
指的其实是周瑜。羽扇纶巾得以成为诸葛亮的专有形象，
有赖元代《三国志平话》的广泛流传和元杂剧中的三国戏，
加上后来明代罗贯中的《三国演义》对诸葛亮的描述，
和王圻在《三才图会》对诸葛亮的描画，并把纶巾命名为诸葛巾，
诸葛亮的羽扇纶巾形象塑造就彻底完成了。

文人与折扇

自从诸葛亮的羽扇纶巾形象深入民心，
扇便成为文人士大夫身上必备之物，千古风流，入型入格，
同时扇亦作为传达心声和互相馈赠的礼物。
北宋以前中国只有羽扇和团扇，折扇是作为贡品从日本和高丽传入中国的。
折扇在中国广泛流行于明朝，当时大量日本折扇进口中国，
才得以在民间流行，成为文人的时尚必备玩意儿。
日本折扇原是上朝用的小册子，原型来自中国的简牍，
一片片的简牍被日本人在底端加上结绳，成为扇状，并在上面贴上纸。
纸技术自唐代传入日本，折扇传入中国后又被中国加以改良，
把原先单面贴纸改为双面贴纸，并将贴骨改为插骨，
并增加了骨的数量，由原先五至八根增加到十四根。

溥仪眼镜

圆框眼镜

溥仪喜欢新事物，特别是穿着方面，
他总是走在别人的前面，就算到国家危难的时候，
也没有影响他的打扮心情，又或者他以打扮外表来忘却烦恼。
他喜欢的时尚众多，怀表、戒指、领带都是他的所爱，
但这些都不及他剪辫与戴眼镜的举动，不但轰动紫禁城，
更成为欧洲传媒炒作焦点，并加以赞赏。戴圆框眼镜不止溥仪一人，
但溥仪就有能力把圆框眼镜戴出名堂，日后圆框眼镜
更成了他的标记，一百年过去了，溥仪的圆框眼镜潮流仍在，
而且还有眼镜公司以其名字做招牌，可见他的时尚魅力还是
远远超出他作为伪满洲国傀儡的负面形象，
潮流就是这样的令人费解。

05

时装痴

雍正的角色扮演

清朝皇帝雍正很喜欢角色扮演，
他在《雍正行乐图》中扮上不同的造型，
如同拍一辑个人写真集，他不停换衣服，
更换发型，投入地摆出各样姿态让画师绘画。
他会扮成欧洲贵族上山打老虎，
扮成手执弓箭的波斯武士，
或与黑猿玩耍的突厥王子，
又或是召唤神龙的道教法师，
或坐在河滨做白日梦的渔夫，
但雍正最喜欢的装扮还是汉族文人，
雍正自恋与臭美的程度，可算是历代皇帝第一人。

欧洲贵族
文人
突厥王子

道教法师
渔夫
僧人

06

万人迷

潘安

名气最大　回头率最高

西晋河南人，小名檀奴，
后世文学中惯称帅哥为檀郎即源于此。
潘安姿容既好，神情亦佳，
他不仅长了一张锦绣皮囊，
还写得一手好文章，
走在街上回头率甚高，
大批粉丝跟着他走。
可惜潘安功名心太重，不知满足，
学会趋炎附势，落得恶名，
一代翩翩公子最后鬓发花白，
终落得身首分离。

吕布

绝代佳人 肌肉男

三国第一美男，吕布身材高大，
身高一米九，相貌英俊，武艺高强，
非常自恋，喜爱华丽衣着，
整天顶着金冠，身披兽面铠甲，
腰勒狮蛮宝带，威风凛凛，
称得上绝代佳人，非常完美，
让人盲目溺爱。任何人都想得到吕布，
刘备也是，曹操也是；但吕布为人势利多变，
不讲仁义，有勇无谋，
三国第一美男最终被曹操所杀，
「红颜」薄命。

卫玠

白玉雕的肌肤

晋书用明珠和玉润来形容卫玠的美，
卫玠为人喜怒不表于形，总是面无表情，
远远望去恰似白玉雕成的塑像。
这玉人口才特别了得，是清谈高手，
有次出行，粉丝挤得人山人海，
就是为了来看卫玠的风采，
害得他举步艰难，一连几天无法好好休息，
这个体质孱弱的美少年，终于累病了，而且一病而亡，
是被看死的。卫玠一生在文武都没有特别贡献，
但晋书居然有传记，而且反复强调卫玠的俊美和口才，
可见卫玠在当时的影响力，非比寻常。

韩子高

花样少年

史料记载他容貌艳丽，两臂修长，形体俊美，
肌肤诱人，十六岁时容貌美丽如妇人。
谁在战争中一旦见到韩子高，
都会抛掉手中兵器，舍不得伤害他一根毛发。
他出身寒苦，不骄不躁，有才有德，令人痴迷，
但更美是子高的心灵，虽然很多人都暗恋他，
但子高却独对同样英俊的陈文帝全心全意，
同食共寝，日夜不离。陈文帝死后，
子高被冤狱赐死，年仅三十岁，
子高与陈文帝的一段可歌可泣同性爱，
被后世传为佳话。

子都

帅名天下

孟子曰：「至于子都，
天下莫不知其姣也，
不知子都之姣者，无目者也。」
连孟子都说不知子都的美貌，
简直是盲的一样。
这个帅名天下的子都是春秋郑国人，
不仅相貌生得美，
还有一身好武艺，
可是心胸狭窄，
缺乏大丈夫的英雄气概。

07

服妖

亡国之兆

在中国传统观念中，
衣冠关系到人伦风俗，甚至国家兴亡，
因此设置种种条条框框加以限制，
不能逾越。但所谓物极必反，
限制得越厉害，反弹得越激烈，
人们对服饰求新求异就会成为一种必然，
不会被一纸禁令所吓到。

奇装异服

古代中国将奇装异服视为不正之服，
奇装异服称为「服妖」。
服妖的出现被视为国家政治兴衰的征兆，
服饰附加上伦理功能，增加了人们对服饰的敬畏态度。
《礼记》记载：「作淫声，异服，奇技，
奇器以疑众，杀。」服妖在古代轻则被人指指点点，
重则坐牢，甚至杀头，
虽然各朝代都有严谨的服制规范，
但都阻不了被认为伤风败俗的服妖喜好者。
服妖喜好者特立独行，
散发出不一样的时尚魅力，
但在一个以稳定为价值取向的文明古国，
任何个性化的创造都要付出巨大的代价。

服妖 李梦符

唐朝末年，
生得洁白秀美的李梦符，
经常打扮得招摇过市，
一年四季都插满了花，
常常在城中酒馆喝酒。
他的打扮惹怒了官府，
李梦符被看作狂妄惑众，
因「服妖」之名而入狱，
他在狱中感叹作诗：
「插花饮酒无妨事，
樵唱渔歌不碍时。」

08 怪癖

特立独行

一方面，
我们怕作为一个特立独行的人，
而要付出沉重代价；
另一方面，
我们却羡慕他们敢爱敢恨，
散发出的人格魅力，
为后人所谈论和歌颂。

倪瓒

香熏控

元代伟大画家倪瓒，出生于江苏无锡梅里村，
他家境富有，长大后好洁成癖，
每件衣服都要用名贵香料兰乌香熏过后才穿，
走过的地方都是香喷喷的，名副其实的香熏控，
就连屋前种的树也要经常刷洗，最后树木因水涝而死。
倪瓒生性怪癖却受人尊敬，全因他的艺术境界，
人们看他画的竹子似茅草，
他却不以为意，倪瓒说我喜爱画竹子，
为的是抒发内心感情，哪会去计较似与非似。
因为倪瓒画的是他心中的竹子，
而不是自然界的竹子。

刘伶

裸体

在儒家礼教下，文人士大夫裸体需要勇气，
要豁出去，不是一件容易的事，
他们裸露是表达对官场黑暗的不满。
西晋刘伶喝酒后最爱裸体，李白也爱裸，
裸得最天人合一，他写道：「懒摇白羽扇，
裸体青林中，脱巾挂石壁，露顶洒松风。」
阮籍喝酒后也喜欢裸体，史书记载他露头散发，裸袒箕踞，
箕踞就是两膝微曲，两脚伸开，这是一种特别傲慢的坐姿，
阮籍还时常举办裸体活动，一起裸体饮酒。
三国祢衡利用自己裸体做武器，裸体击鼓骂曹，
破坏衣冠楚楚的汉文明，让对方难堪。

天地是我的屋子
屋子是我的裤子
你怎么跑到我的裤裆里

朱元璋

容貌之谜

朱元璋有个残酷的怪癖，就是容不得画师把他的真实容貌画出来，谁把他的真实容貌画出来，必杀之。明史记载朱元璋姿貌雄伟，奇骨贯顶，这样看来朱元璋应是一副奇特古怪、长相不雅的容貌，留存后世的两张朱元璋容貌，一俊一丑，分别很大，判若两人，一张保存在北京故宫博物馆，另一张在南京明孝陵的享殿内。

史料记载第一个画师如实地画出朱元璋的黑黑大脸，隆起的额头和太阳穴，大鼻子，粗眉毛，宽阔下巴，一对眼睛鼓鼓的，朱元璋看后大怒，画师被斩。

第二个画师画得更用心，但同样被斩首了。第三个画师很聪明，他悟出前两位画师被斩的道理，他只描画脸形轮廓有些像，但却画得满脸和气，慈祥仁爱，朱元璋看后大悦，奖赏画师。

09

男体

长发是男子汉

中国男人很长时间都是长发披肩的，与现代人认为男人留长发是女性化的表现，观念上有很大的差别。汉族人的头发一直被当作生命与荣誉，异常珍惜，汉族人认为身体发肤，受之父母，决不轻易动刀修剪。

在汉族文化中割发是对犯人的处罚，或有过失的人才以割发谢罪，此外就是出家人了。少数民族对头发的看法则不同，很多少数民族都剃发。剃发又称髡发，髡发与现今的朋克发型很相似，很有性格，如契丹族喜将头顶头发全剃光，于两鬓和前额留少许做装饰；女真族则喜剃头顶发，只留颅后发，以丝绳辫发垂在肩。

汉族男人留长发的习惯到清人入关开始改变，清政府强令执行剃发垂辫，汉族男子才无奈跟从，直至清朝灭亡，汉族男子都剪掉大辫子，自此中国男人的发型融入世界潮流去。

披发

先民最早是披头散发的，式样有两种：
一是自然垂下，披发于脸；
另一种是为了不会挡住视线，特意把前额的头发剪短，
其他部分仍然留长自然垂下。

发髻

进入文明社会后，为了方便劳作和狩猎，
先民懂得把头发束成发髻，发髻就是把头发梳结于顶，
盘结成髻，用布带或簪子固定在头顶上，
髻大而低为平民，高而尖者为贵族。

辫发

束发除了发髻外，还有辫发，辫发是将头发分成数缕，相互交错编成的辫子。商代男子将发盘于头顶，编成一条辫子，垂于脑后。秦代兵马俑出土，令我们了解当时的辫发是如此华丽。秦以后汉族以发髻为主，很少辫发，只有北方少数民族如女真族和清代的剃头留大辫子发式。

髡发

髡发是剃发，剃发可免骑射时散发遮挡视线，是北方少数民族特有的发式，如契丹族男子喜欢将头顶部分的头发全部剃光，只有两鬓和前额留少许头发，也有在额前蓄留一排短发。女真族也是尚髡发，男子把头顶头发剃光，但会将两旁垂下的头发做辫发，而清人也剃发垂辫，后脑的辫子是行军宿营时的枕头。

彝族天菩萨

游牧民族髡发

秦俑辫发

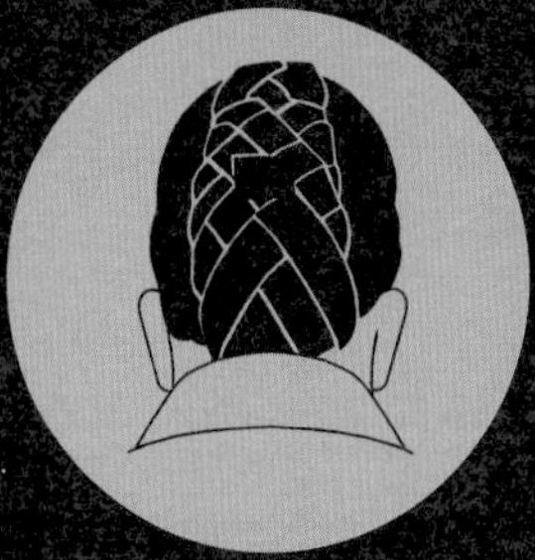

簪花

丫角髻

胡须

胡须是古代美男子的标准之一，
因此男人都对胡须非常讲究。
各部位的胡须都有专属名称，
脸颊两边的称为髯，面颊两侧与发相连为鬓，
嘴上的称为髭，下巴的称为须，
不像现今须、髭、髯和鬓都总称为胡须。
还有不同朝代流行不同的胡须，
战国时期流行仁丹八字胡须（唇上两撇的两端向上翘起），
汉代则流行长长左右两撇，魏晋南北朝流行长须，
隋代缠须成为时尚，明代之后须才向下拖，
清代甚至有依据身份把胡须梳成不同的辫子。

男体

美髯公与一字胡

关公原名关羽，人人称赞他为美髯公，美髯公长得高大，红枣脸，
卧蚕眉，丹凤眼，非常威严，所以人们常说关公不睁眼，睁眼要杀人。
不过论名气还是他的胡子脱颖而出，关公的胡子形象太特别了，
很难想象没有胡子的关公是怎样的。关公原是三国蜀将，
和刘备、张飞桃园三结义，关公死后被神化，过程戏剧性，从武将到厉鬼，
然后是护法神，最终化身为财神，现在黑白两道都拜他，
于是一尊尊手执胡子的关公雕像，便成了可打救人民于水深火热的忠义英雄。
除了关公外，鲁迅的一字胡也很出名，一字胡不是天生的，一字胡原本是上翘的，
上翘的胡子被骂像日本人，鲁迅争辩上翘胡子才是汉族传统，
下垂胡子是蒙古人的，但没有人理会他的话，后来鲁迅知道他的胡子问题
全在两尖端上，便把胡子两尖端剪去，最后成了一字胡。

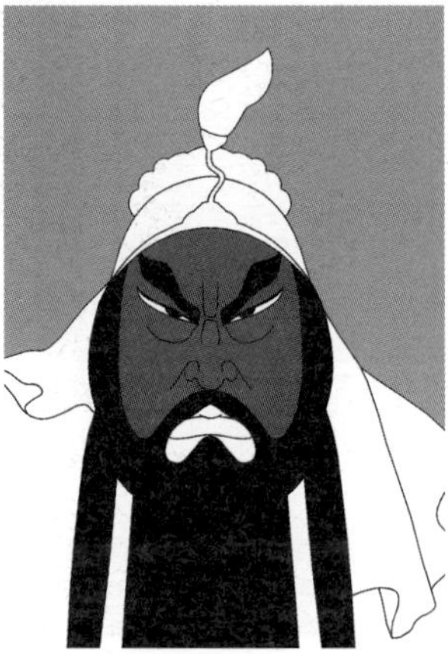

菩萨胡须

菩萨从印度传入中国，
印度菩萨原先是长有胡须的，
传入中国后，
中国人并不接受，
中国人更需要一个看上
去慈祥一些的菩萨，
首先菩萨的胡须被去掉，
然后换上汉服，
身躯也开始发生变化，
整个姿态由男性化慢慢变得中性化。

将军肚

古代中国男人对腰的审美标准和现代可不一样，
现代人讲求腰越细越好，腰部还要平直，追求的是王字腹肌，
可知道王字腹肌在古代中国绝对没有市场。中国文化以羊大为美，
肥大被视为一种福气，所以我们都尊称胖胖的肚子为将军肚。
事实我们所见到被供奉的将军雕像都是顶着一个大肚子的，
连兵马俑出土的士兵都是腹部微微凸起的。
相传士兵上战场前都以喝酒壮胆，所以都有肚子。
相对西方男人拼命穿上腰封，把腰拉得细又细才叫美，
中国男人就幸福得多。看看弥勒佛就知道了，
身材苗条的印度弥勒佛，
来到中国却变为大腹便便的大肚佛。

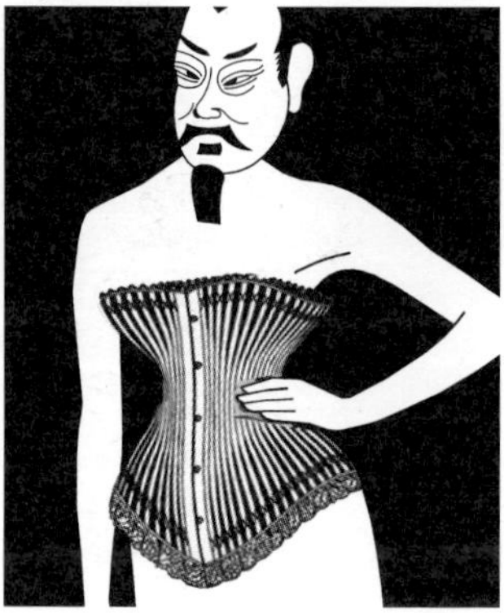

西方好束腰

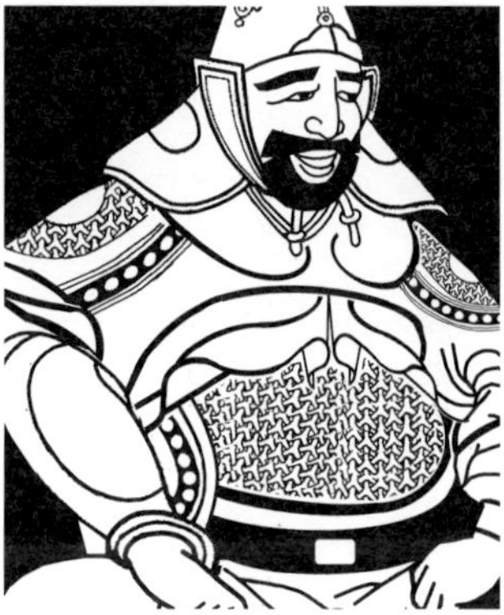

中国爱肚子

弥勒佛

弥勒佛在中国家传户晓，很受欢迎，
来自印度，是主持未来的佛。
弥勒佛原本是一个面容姣好、
身材修长的佛，
来到中国后造型有了很大的变化，
变为一个开怀大笑，
顶着大肚子的财神佛。
这种变化和中国人民对现实感到无奈，
希望寄托未来有极大关系，
笑口常开的大肚弥勒佛，
对中国人来说更有亲和力。

美甲的男人

现代男人注重美甲，但又觉得美甲不像男人，其实美甲是中国男性传统的一部分。富贵人家都把指甲留得很长，精心打理，只有劳动者才不会留长指甲，因为长指甲不方便劳动生产，所以长指甲代表荣华富贵，生活无忧。

现在我们还可以在很多留下来的祖先画像，看到留长指甲的形象，男人留长指甲一直流行到民国为止。近代男人也有留长指甲，不同的是近代男人多只留尾指。有一个因留长指甲而差点送掉性命的真人真事，明代有一个男人指甲留长达一尺，被朱元璋看到，朱元璋讨厌留长指甲的人，认为他们都是游手好闲的人，欲加此人死刑，幸有人劝谏说，此人虽不勤劳，但也没做恶事，才得以赦免。

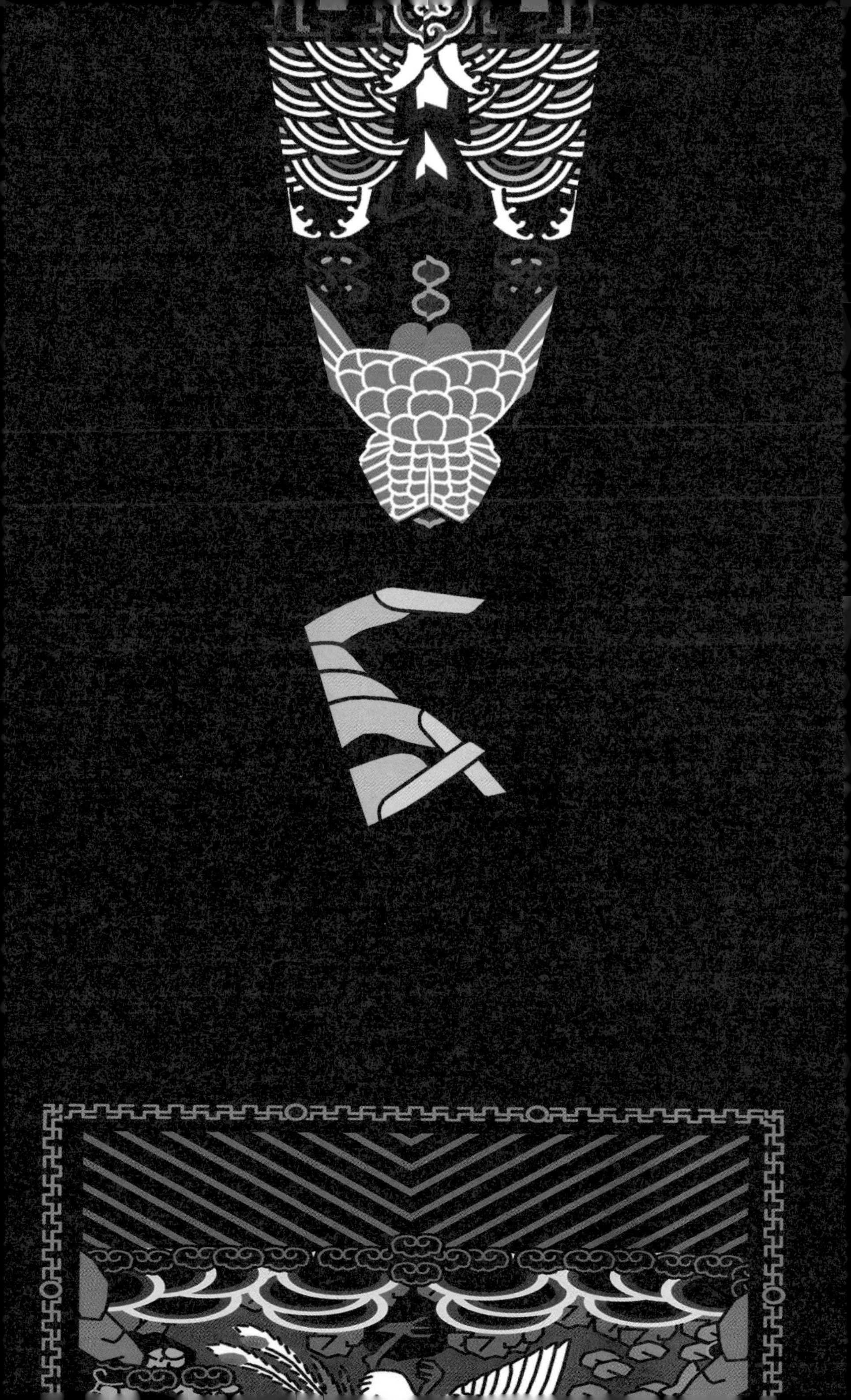

10

时尚之都

长安

长安就是现在的西安，长安男子十分崇洋，
流行穿胡服，胡服就是洋服。
他们非常讲究外表，身刺文身，口涂唇膏，
以香熏衣，还头插鲜花，爱美程度比当今更甚。
唐朝鼎盛时人口达五千多万，
当时欧洲最大国家人口也不到三百万，
可见长安是一个名副其实的国际大都会、
时尚之都，吸引来自世界各地的人，
如罗马人、波斯人、日本人、西域人、
突厥人等。当时来长安的留学生很多，
长安街上聚集不同穿着的人，不同造型互相混搭，
就像时装表演，非常热闹，
追逐时尚的风气不亚于当今巴黎和纽约。

文身

唐代文身风行一时，当时已有专用美容师进行刺青工作，称为劄工，先用针将图案刺在皮肤上，再涂上石墨。唐朝刺青有一特点，就是与诗歌有关，十分诗意，有一名叫葛清的街卒，疯狂喜爱白居易的诗，他自颈以下全身刺上白居易的诗，还配上插图，非常另类诗意，人戏称他为白舍人行图诗，他却沾沾自喜。文身在中国古代早有记载，早期用在罪犯上，代表一种耻辱，烫上侮辱性的记号在额头或脸部，终生不能除掉，后来社会不断发展，文身已不再有侮辱的含意，而纯粹演变为一种审美情趣。

化妆

唐朝贵族男子日常使用面膜、
唇膏、化妆品是平常事。
他们洗完头，
都要两个婢女捧着头发梳理。
他们洗脸用自制的洗面奶，
把芹菜捣成泥，
敷在脸上做面膜，
做后整块脸明亮湿润，
毫无皱纹。

香熏衣

唐代以前，
香料从西域作为贡品传入，
所以非常珍贵。
唐朝男人很喜欢香熏，
是名副其实的香熏控，
每件衣服都要用名贵香料，
熏过多次后才穿，
穿在身上，
香随人行，
走过的地方，
都是香喷喷的。

簪花

唐朝男子簪花，
相当流行，
特别每年春夏天郊游季节，
男子喜欢把鲜花，
或用丝帛造的假花，
插在头或冠帽上。
唐朝不只百姓喜欢簪花，
贵族王爷们都喜欢，
连皇帝唐玄宗，
也喜欢簪花，
真是全城男子皆簪花。

追星

唐代追星的疯狂，
一点也不亚于今天。一名叫魏万的粉丝，
为了一睹李白的风采，历时半年，
跋涉三千里，最终得以相见，
当下激动得泪流满面，语无伦次。
这还不算疯狂，诗人张籍是杜甫的粉丝，
他崇拜杜甫诗歌才华，
焚烧了一册杜甫的诗，
加入膏蜜，每餐必饮，
希望喝下杜甫的诗，
能有杜甫的才华。

11

寻找完美男人

怎样的年代就有怎样的男人

中国男人走了一条奇怪的路，气质好像一代不如一代，
汉以前男人挺好的，文武双全，健硕刚猛，
很有男人味，很符合完美男人的标准。
魏晋时期男人虽然狂傲，但人格高尚，令人仰慕，
是另类完美男人，仍然不错。唐宋开始便有问题，
很多男人都变成文弱书生，能文不能武，
肩不能挑，手不能提。明清男人更不用说，
优柔寡断，胆小怕事，多愁善感，甚至有点脂粉气。
民初男人更惨，被外国人贬称为东亚病夫。
今天中国经济崛起，男人都变成大款，讲气派，
穿名牌，财大气粗，什么都不缺，独欠气质。

汉以前

汉以前男人大多文武双全，健硕刚猛，他们浓眉大眼，虎胆雄姿，
粗犷豪放，而且刀枪剑戟，样样精通，满腔热血，驰骋沙场，保卫家国。
他们被表扬为男子汉、大丈夫、真英雄，荆轲、秦始王都是佼佼者。
然而英雄千万个，霸王只一人，他就是西楚霸王项羽，项羽武勇的形象，
千古流传，所向披靡，未尝败北，可惜最终还是失败收场，死在乌江边。
项羽从三千子弟兵起家，到后来号称拥百万大军，但是命运弄人，
被围困在垓下，四面楚歌，最后被五千汉军迫得只剩二十八骑，
厮杀过后，虽有脱身的机会，但不愿愧对江东父老，苟且偷生，
宁愿人头送给故人，自刎而死，这是王者气概的表现，
将死亡提升到终极辉煌的层次，宁死也不能被别人剥夺自己的尊严，
这就是汉以前男人气势磅礴的气质。

文武双全

魏晋南北朝

魏晋时期，时代动乱，儒学衰落，
魏晋名士开创了一种新的生活态度，
一种不同于任何历史时期的生活态度，
它不仅体现在穿着和言谈举止上，
也体现在人生观和世界观上。
他们倾向清谈以逃避现实，越名教而任自然，
在生活上不拘礼法、清静无为，聚在竹林喝酒、纵歌，
他们唯美、浪漫、解放、疯狂、智慧、悲壮，
魏晋名士带有空灵神妙和仙风道骨的气质，
虽然狂傲，但人格高尚，令人仰慕，是另类理想型男，
在历史上留下不可替代的人格魅力和荡气回肠的生命色彩。

秀骨清相

唐宋以后

唐宋开始男人形象变得文质彬彬，温柔敦厚，

他们能文不能武，外表瘦削，肩不能挑，手不能提。

到了明清他们的长相更女性化，唇红齿白，皮光肉滑，

没有胡须，阴声怪气，腰似杨柳，软弱无力，

甚至有点脂粉气。他们文雅腔调，出口成章，可惜优柔寡断，

多愁善感，胆小怕事，我见犹怜。但是他们却人见人爱，

颠倒众生，形象还深深影响到后来文学和戏曲的创作，

《梁祝》的梁山伯，《白蛇传》的许仙，

《西厢记》的张生都是这种形象，

其中《红楼梦》的贾宝玉更是文弱书生中的极品，

最女性化的男人，散发着脂粉气、孱弱书生的气质。

文弱书生

清末民初

清末民初时期，外国人贬称中国男人为东亚病夫。东亚病夫一词来自一位驻上海的英国作者，他形容当时的华人头蓄长辫，身穿长袍马褂，不讲卫生，身体瘦弱且吸食鸦片，加上在德国柏林奥运会的比赛上，一百四十多人的中国代表团全军覆没，中国运动员在回国途经新加坡时，当地报刊发表了一幅讽刺中国人的漫画，题为东亚病夫，从那时开始，东亚病夫就成了外国人对中国男人的贬称。还有东亚病夫一词也曾经出现在李小龙的《精武门》电影中，电影中李小龙饰演陈真，日本人派人来公祭霍元甲，送上东亚病夫牌匾，陈真不甘侮辱，独自将横额送回，以一敌百，用双节棍打败日本人，并在公园内凌空踢碎「华人与狗不得入内」的告示牌，大快人心，直至一九八四年美国洛杉矶举行的奥运会，中国射击选手许海峰摘下第一金后，东亚病夫的称谓才正式消失。

东亚病夫

今时今日

在浮躁的当代社会里，传统道德价值崩溃，
钱成了衡量价值的唯一标准，
名牌作为显露财富的标志，
成为当代人的信仰，
满身名牌的大款讲气派，花钱豪爽，财大气粗。
大款希望拥有名牌来证明自己的地位和身份，
虽然一身名牌，却遮掩不了他们的不自信和不文明，
他们喜欢在公共场合蹲着，大声说话，
随街吐痰，因此名牌没有让他们的身份飙升，
反而是显露了他们满身的财气和俗气。
还有大款喝酒总是干啊干啊，

不知细品酒的滋味，
相对古时的曲水流觞，
大款显得多俗气。
古人喝酒相聚在水边，
把羽觞放入水里，
酒杯沿着弯曲的水道任其漂流，
流经谁那儿停住，
谁就要作诗，作不出来就要罚酒，
这就是著名的兰亭聚会，
多有情调雅兴。
当代大款并不是缺少风度，
他们穿名牌，做健身，打高尔夫，
可以说是风度翩翩，

他们缺少的是气质，
因为他们的人生观和价值观出了问题。
风度不同于气质，风度与言谈话语、
衣着打扮、行为举止有关，
所以风度是有法之美，
每个人都可以学习的；气质与态度、
人生观、价值观有关，
有气质的人是出世的、感性的，
令人又爱又恨，所以气质是无法之美，
只能意会，却学不来的。
因此价值观出了问题的大款，
最多只能成为风度翩翩的男人，
却不能成为有气质有魅力的型人。

下篇

01 变革

汉服已死

汉服当然没有死，
我想说的是汉服在汉代以后已不是纯正的汉服，
而是与不同文化互相交融和碰撞出来的混合服。
中国上下五千年，如果没有外来文化的交融和碰撞，
是不会发展成现在的模样的。
汉族以华夏民族自居，
并贬称四方文化相对低下的民族为「四夷」，
但是没有四夷的文化交融和碰撞，
恐怕华夏文化会大大失色。
其实文化融合没有想象中可怕，
融合不但没影响中国服饰的伟大，

相反，正因为中国文化能吸收外来文化而不断地发展，
才不至于长期在一个稳定的状态下僵化。
中国服饰经历了五次重要变革，
无论变革的起因是军事需要，
抑是自然融合、主动吸收、
政治压迫或大势所趋，
变革不但没有令中国服饰衰落，
反而如混血儿般，越混越美丽。
第一次变革在春秋战国，胡汉混融，
为了军事需要，赵武灵王在军中实行胡服骑射，
变革主要体现在从穿裙改为穿裤。
第二次变革在魏晋南北朝，
西域与中原混融，因为战乱动荡，

不同种族服饰大交流，是自然的融合。
第三次变革在唐朝，
中原与世界文明混融，大量外使来朝，
加上唐人主动吸纳外来文化的个性，
使唐代服装带着浓厚世界主义色彩。
第四次变革在清代，不只满汉混融，
同时还有中欧混融，清人入主中原，
汉民族被迫剃发垂辫，强行易服；
欧洲传教士来华，清政府初尝欧洲时尚玩意儿。
第五次变革在民国，工业文明与封建文明混融，
民国流行中西混搭，中式长衫配西式革履，
这种穿衣风格就像工业文明与封建文明的碰撞，
是大势所趋。

胡汉混融

春秋战国

赵武灵王为了适应军事需要，
令军队改习弓箭，改穿胡服，
这就是服装史上有名的胡服骑射。
汉服上衣下裳，阔袍大袖，在平原上车战还可以，
一旦出入山谷马时，胡服的短衣窄袖便占尽优势，
赵武灵王服装改革主要是废去裙子改穿裤子，
弃履穿靴，还引入革带，
一切都是为了军事需要，方便作战。
中国人尊古，赵武灵王改革自然没那么容易，
大臣都极力反对，惟赵武灵王痛斥大臣，
坚持执行，最终赵国得以强大。

弃裙改穿裤

西域与中原混融

魏晋南北朝

战乱动荡，不同种族服饰大交流，
加上西域各国民族来华经商，
形成北方游牧服饰、西域服饰，
以及汉服饰三者并存及互相影响。
胡服此时在民间全面流行，
带钩和革带则被贵族使用在袍服上，
成为流行时尚。原先汉服使用布带，
只做束衣之用，而胡服使用革带，
则便于携带日用品，
服饰大交流结果是布带革带并用，
二带并用形成腰间独特新风景。

布带革带并用

世界文明与中国文明混融

希腊卷草纹

伊斯兰卷草纹

唐草

唐

唐人喜爱吸纳外来文化，好胡服、胡乐、胡食、胡床等，视为时尚，因此唐代服饰带着浓厚世界主义色彩。

唐长安的来华使节众多，有叙利亚人、阿拉伯人、波斯人、吐蕃人、高丽人、日本人、安南人等。长安是一个不折不扣的国际大都市，

唐服饰文化交融可在吐鲁番出土织物中得到物证，联珠对鸟纹、联珠猪头纹，设计明显受波斯风格影响。

而当今最能代表中国纹样之一的唐草纹，其实源自波斯葡萄纹，葡萄纹传至希腊加上了花草，形成早期卷草纹，及后再传到伊斯兰国家，然后随佛教经过印度传入中国，最终在中国发扬光大，形成唐草，可见一个伟大纹样背后需要众多文化的贡献。

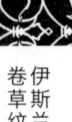

唐草

满汉混融和中欧混融

清

清人入主中原，汉民族剃发垂辫，强行易服，
满服成为中原主流，却保留了汉服元素，
如十二章纹与补子。满汉混融外，还有欧洲文化入侵，
法国此时已成为欧洲时尚中心。
随着传教士来华，清政府初尝欧洲时尚玩意儿，
清宫廷后花园满是法式洛可可风格，
C形、S形、曲线、碎花，繁杂装饰的洛可可，
设计少了宗教意识，多了纵欲享乐。
《雍正行乐图》中可以见到他戴假发穿西服，
扮不同的造型娱乐，如果满汉混融是压迫，
中欧混融则是友好开始，无奈以战事结束。

雍正戴假发

工业文明与封建文明混融

民国

清帝国终结，民国建立，剪辫易服。民国政府颁发服装法令，引用西式燕尾服、礼帽和皮鞋为本土礼服。

其实民国初期，人们仍保持传统着装，后来受西方服装冲击，才开始穿着西服。最初穿着西服的主要是留学生和知识分子，他们认为西服是先进的象征，当然亦带有崇洋心态。

虽然西服为大多数人接受，但人们并不排斥传统服装，民国时期最时髦的穿着风格是中西混搭，长袍配皮鞋，长衫内穿西裤，还有礼帽配长袍马褂，都是不少有身份人士的时髦打扮。

中西混搭的穿衣风格就像工业文明与封建文明的碰撞，是大势所趋，从此中国服装走进现代文明的道路。

中西混搭

02

审美

丑比美更伟大

第一层境界　常态　审美中最低层的境界，对鲜艳色彩特别感兴趣，认为美只是本能反应，无须思考，对平衡、和谐、对称特别向往，认为一切不平衡、不和谐、不对称之物都不完美，不完美之物毫无价值，所以不感兴趣。

第二层境界　非常态　是第一层境界的升华，不再向往表面的愉悦，对内心情感更感兴趣，情感压抑是其表现手法，平静和不张扬是其外表，其实外表下暗藏一把火，火背后有故事，有故事就能感动人，能感动人就产生美。

第三层境界　病态　升华到极致，成为最高境界，对虚饰美反感，反抗集体主流，讲求个人另类，冲突、不稳定、不和谐、陌生感，甚至扭曲是其特征。美与丑不是问题，真与假才最重要，只有通过这些，才能反映真实的人生，病态成为终极的美。

常态

太美令人心慌

清代的美是一种常态美，
属于第一层次的境界，
就是最低层次的境界。
它具有浓厚的财气、
媚气和工匠气，繁缛精细的工艺，
艳丽愉悦的色彩，贵气的丝织品，
腐朽的金粉气，加上图必有意，
意必吉祥，实在世俗难耐。
清代艳丽媚俗的设计风格，
虽集历代工艺的大成，
却失去独特的个性。

清

艳丽媚俗

非常态

禁欲

宋代的美是非常态，属于第二层次的境界。
它的美在道德上是人性压抑，
在审美上却是艺术升华。
禁欲不再是本能的单纯，
而是更为复杂的内心情感，苦中有甜。
在存天理、灭人欲思想下，
唐代的饱满色彩，在宋代消失了，
工艺不再镶金错银，雕琢浮艳，
换来是淡雅的间色，含蓄的造形，
平易隽永的韵味，宋代设计风格表面上平静，
其实内里暗藏一把火。

宋

含蓄淡泊

病态

太丑令人动容

魏晋的美是病态美，是第三层境界，
就是最高境界。魏晋时期玄学流行，
万物以无为本，崇尚虚无，
形式空灵神妙，态度超然物外。
魏晋人士敢于突破传统礼教的束缚，
他们衫领张开，袒露胸怀，
赤脚散发，任情不羁，通过冲突、
不稳定、不和谐、陌生感和扭曲的手段，
来表现对现实的不满。他们相信美丑不是问题，
真假才最重要，扭曲的外表虽然病态，
却能反映百味交集的真实人生。

魏晋

任情不羁

丑

终极美

每个人开始的时候都追求美，
长大了发现美只是传说，
并不存在于现实中。
幻影遮蔽下的世界，美只是虚饰和僵死的趣味，
有人从此鄙弃美的追寻，丑开始被探讨，
并发现丑比美更能表现人的心理真相和精神本质。
从此美丑不再是问题，真假才最重要，
人生下来原是丑，最美丽的人都一样，
老了死去也是丑，人一生中美丽的时间很短。
美虽然可贵，但不能托付，丑伴着你一生大部分时间，
丑比美对你更真更忠心，所以丑比美更伟大。

因为它更能打动人心

03

阶级

宁穿破莫穿错

现代人很难想象古人穿衣如果不合礼法，
轻则坐牢，重则处死。古代服制非常严谨，
宁穿破莫穿错，背叛礼法是绝对不容许的，
因此从衣着的面料、款式、色彩和纹样，
就能分辨一个人的身份。身份决定着装，
穿着是没自由的，在古代大体上可分为三个阶级，
分别是贵族、平民和奴隶。
贵族阶级包括帝王、诸侯、士大夫，
平民阶级包括士农工商，最下阶级是奴隶。
其中最值得注意是士，士游走贵族和平民两者之间，
是贵族的最低层，同时也是平民中的最高层。

贵族

十二章纹

古代祭祀是国家大事，参加祭祀，天子、公卿、士大夫必须身穿冕服。冕服是玄衣纁裳，即黑衣红裳，衣裳上用章纹的多少来区分等级，数目越多等级越高，如当帝王身穿绣有十二章纹的冕服的时候，公卿就要穿只有九章纹的冕服，侯伯就要穿七章纹的冕服，逐级递减。冕服作为传统祭祀礼服，历代沿用，各朝代虽有修改，但基本形制不变。十二章纹即是日、月、星辰、山、龙、华虫、宗彝、藻、火、粉米、黼和黻。日、月、星辰代表光辉，山代表稳重，龙代表变化，华虫（雉鸟）代表文采，宗彝（一虎一猴）代表智勇双全，藻代表纯净，火代表热量，粉米（白米）代表滋养，黼代表决断，黻（两兽相背）代表去恶存善。十二章纹始于黄帝，前六章纹绘于上衣，后六章纹绘于下裳。到周朝，日、月、星辰已画于旗上，不再用于衣裳，实际衣裳只绣九章纹，上衣五章纹，山、龙、华虫、宗彝和藻，下裳四章纹，火、粉米、黼和黻。

火

龙

日

粉米

华虫

月

黼

宗彝

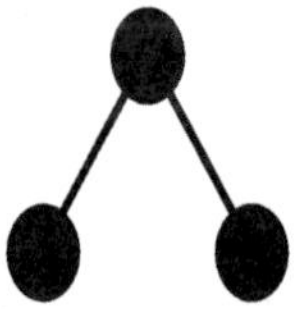

星辰

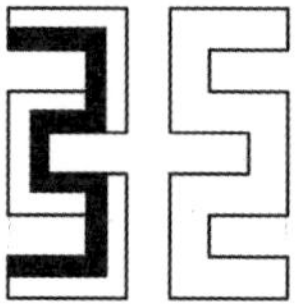

黻

藻

山

官阶颜色

古代官吏的公服是以颜色来区分官阶的，官色制度从隋代开始，到了唐代发展成熟。唐代共分四等颜色，一至三品穿紫袍，四至五品穿绯袍，六至七品穿绿袍，八至九品穿青袍。后来又进一步颁布新制，在原来服色上分深浅，四品用深绯，五品用浅绯，六品用深绿，七品用浅绿，八品用深青，九品用浅青，三品以上没有变动，仍用紫色。可见古代服色制度等级非常森严，庶民是不能穿着这类颜色的，之后宋、元和明代的公服都受此制度影响。

一至三品

四品 五品

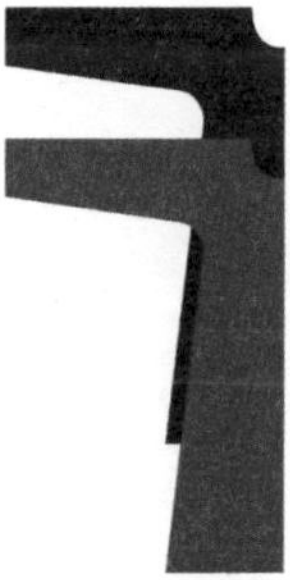
六品 七品

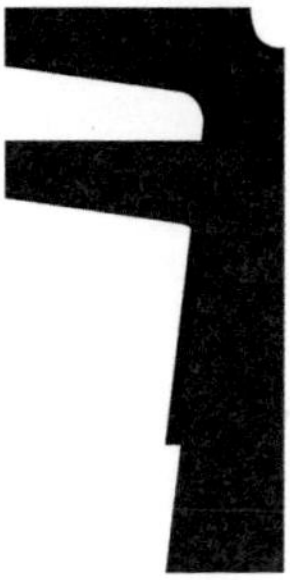
八品 九品

一至三品

四至五品

六至七品

八至九品

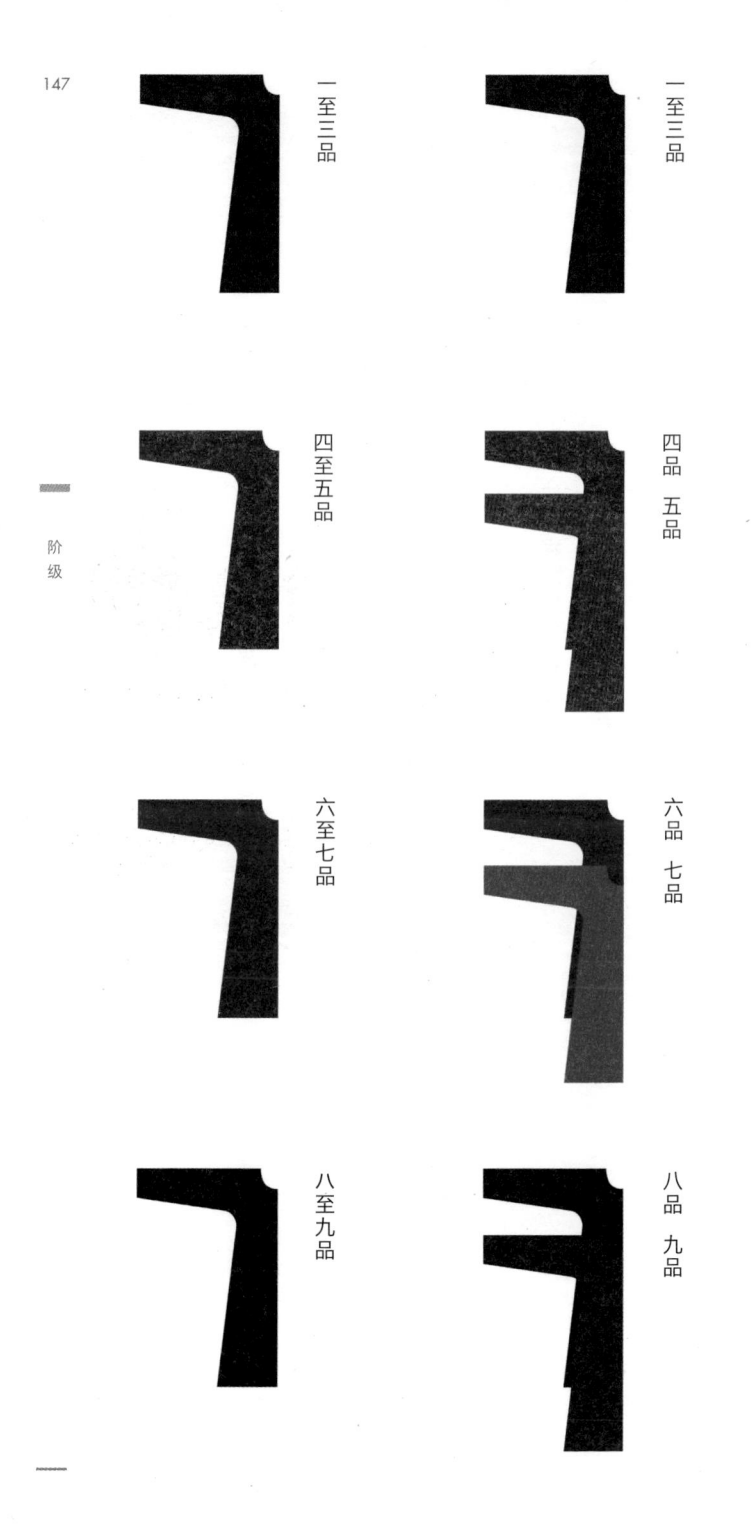

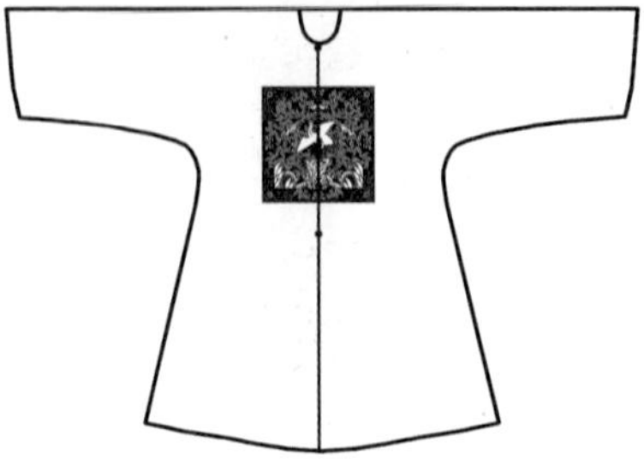

补子

到了明代补子成为新的区分官阶方法，
补子成方形，绣上禽兽纹样，
文官补子绣禽纹，代表文明；
武官补子绣兽纹，代表威武。
清代废除服色，
不论品级高低一律是蓝色，
区分官阶靠补子纹样。
补子又分圆形和方形两种，
圆形是皇室贵族使用，
如皇子、亲王、郡王等，
普通官吏则使用方形补子。

清

文一品

文二品

文三品

文四品

文五品

文六品

文七品

文八品

文九品

重农抑商

平民阶层以士人为最高级，
中间是农民和工人，
最低级是商人，
可见古代重农抑商。
农业被视为富国强兵的源泉，
商人被视为口甜舌滑，
谋取暴利的小人。
春秋时期群雄割据，
社会结构瓦解，
一群原本是贵族的人沦落民间，
他们只好靠自己的知识，

依附其他的新兴贵族，才能生存下来。
这群不再是贵族，但拥有知识的独特人群，
平日务农，有战事时被征召，
所以对草根特别有感情，重义气，
这群特殊的人被称为士。
战国期间贵族垄断的局面被打破，
士就有了发展的机会，因为能文能武，
士向了两个不同方向发展，一方面取其文，
主张恢复周礼而成儒士；另一方面取其武，
协助有志之士对抗强权而成侠士，
儒士和侠士，源出于一，
最终是南辕北辙的走向。

平民

长衫

西周时期儒士的服装是青衿，即素色麻衣做衫身，配青色领子，诗经有句「青青子衿，悠悠我心」，就是描述这服装的。春秋战国儒服叫逢掖，即大袖单衣。东汉末年儒士最时髦的装束是羽扇纶巾，手拿羽扇头戴巾子是一种风雅从容的举动。唐代儒士穿襕衫，是一种白色圆领窄袖衫，白衣秀士成了尚未有功名的读书人，读书人都希望有日得到功名，脱白挂绿。宋代儒士仍穿襕衫，但袖变得特别宽大，此时襕衫亦写作蓝衫。明清时期襕衫真的变成蓝色，衫身用蓝绢，下摆和袖缝上青边。儒士形象历代多变，但留在人们记忆中，最特别的还是穿长衫的形象，很多士人宁愿穿上破旧的长衫，也不愿意披上新的短衣，这选择很有意思，是审美的追求，也是潇洒的姿态。

短打

平民服饰不似宫廷服饰般奢华繁缛，
它以简单的款式和朴素的用料，
记录着普通百姓的生活方式。
穿长衫的是达官贵人和受过教育的书生，
穿短打的非武即贫，平民穿着的短衫是本色布衣，
服饰虽然简单朴素，但极具生命力。
尽管中国丝织品如此华丽，
都与平民百姓没多大关系，原因有二，
一是经济贫寒，二是政治限制，
对平民百姓的服装、面料、颜色和纹样的限制，
在历代史籍常有记载。

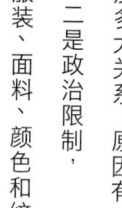

禁

面料限制 南朝令庶民只许穿纱、葛及布衣，其余皆禁。唐朝规定流外及庶民，不得穿绫、罗及五色线。元朝规定庶民只许穿暗花绸绫。明朝令庶民用绸、绢、素纱，禁用锦、绮、绫及罗。清朝禁军民用蟒缎、妆缎、貂皮、狐皮等，违者严刑。

颜色限制 汉朝庶民只准用青绿二色。宋朝令在京士人与庶民不得穿黑褐地白花衣服。自隋文帝穿上黄袍临朝开始，黄色作为帝王专用色，庶民禁用。明朝柳黄、明黄、姜黄等诸色亦禁，清朝杏黄解禁，而将明黄做帝王专用色。

纹样限制 南朝不准纹锦绣仙人和鸟兽。唐朝禁民间绣龙、狮子、孔雀、仙鹤、万字等。辽朝禁士庶穿日、月、山和龙纹。元朝规定官民不准服五爪二角之龙纹及凤纹。明朝禁民间使用蟒龙、飞鱼、大鹏、四宝相花等。

奴隶

褐衣

奴隶是比平民更低的阶层，
夏商周是奴隶社会，
奴隶受统治者压迫。
到了春秋战国，虽然奴隶社会瓦解，
但奴隶阶层仍然存在。
在清代，宁古塔是著名的流放地方，
当时流放的人被当作奴隶，任由奴主压迫，
甚至打死。奴隶穿着是比平民穿的布衣
还低一等的褐衣，褐衣是粗麻布做成的短衣，
因为贫困，奴隶只好以补丁补补丁，
衣着极为破烂不堪，衣衫褴褛。

04

形制

一国两制

以汉族为主的中国，
历代服饰其实并不是单一的汉制，
更多时候是采用一国两制，
即汉制和胡制，
两种服制时而并用，
时而相互排斥，
所以先民穿裙又穿裤，
大带革带一齐用。

左衽

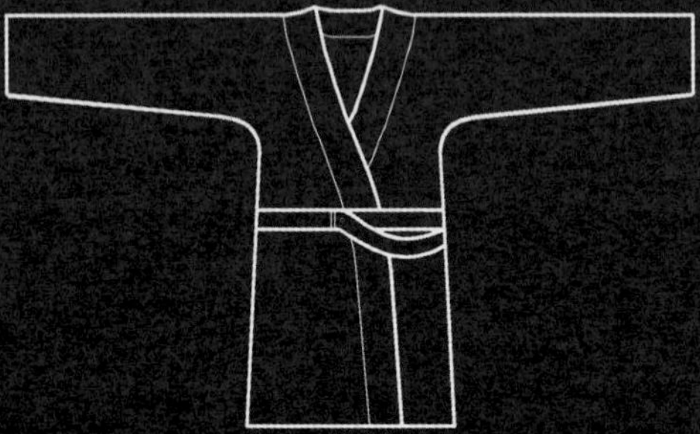

汉服

右衽

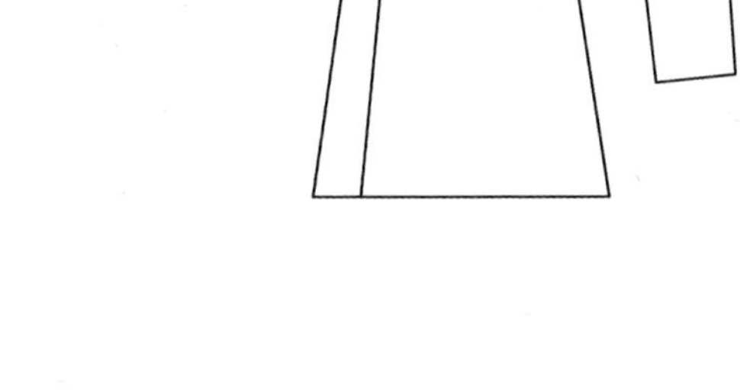

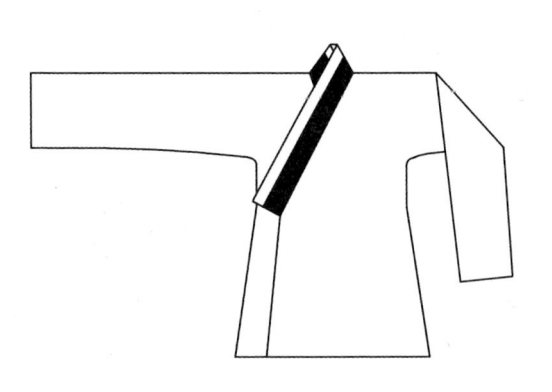

胡服U形领

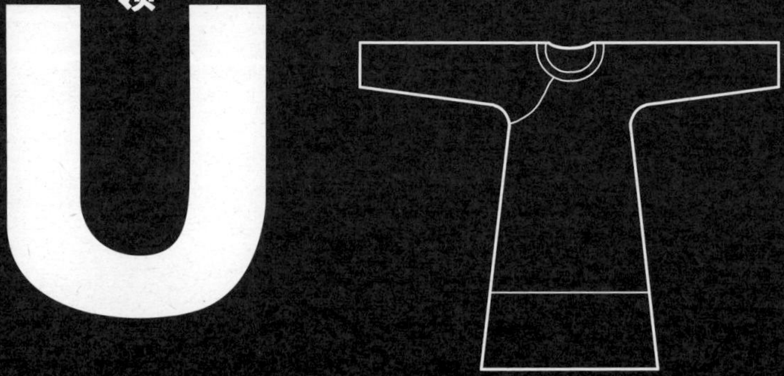

汉服Y形领

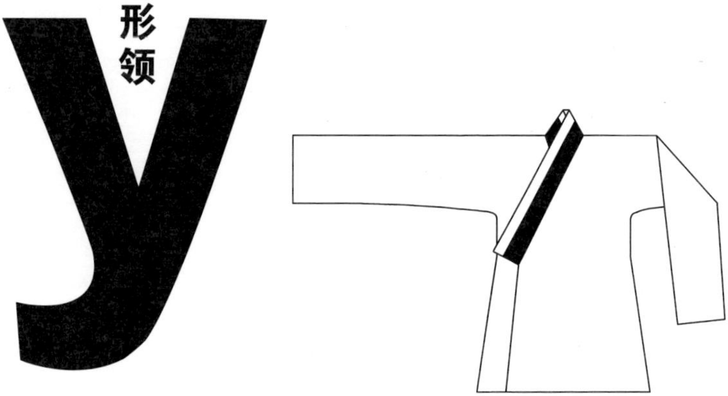

窄袖短衣　胡人是中原汉人对西北异域民族的统称，而胡人穿的服装被统称为胡服。西北民族多以游牧为主，因为便于骑射的需要，胡服上衣主要特征是窄袖短衣，配革带、革靴和合裆裤。与汉服的右衽传统不同，胡服上衣是左衽的。另外因为西北地域气候寒冷，胡服多为皮毛制造。

衣裳　黄帝尧舜垂衣裳而天下治，说明黄帝时期已有衣裳，衣裳分为上下两截，上身为衣，下身为裳，后世称衣服为衣裳即源于此。

衣　古代汉服的衣是指上衣，形制是掩襟交领，窄袖，衫长不过膝，掩襟交领就是前幅左右相互交叠，形成Y形领口，再用腰带围绕固定，而且没有夹圈，也就是说衣身和袖连在一片，这与现今西服将衫和袖分开裁剪不同。另外汉服上衣是右衽的，即左幅掩盖右幅，与现今西装的掩盖方式相同。

胡人穿　裤

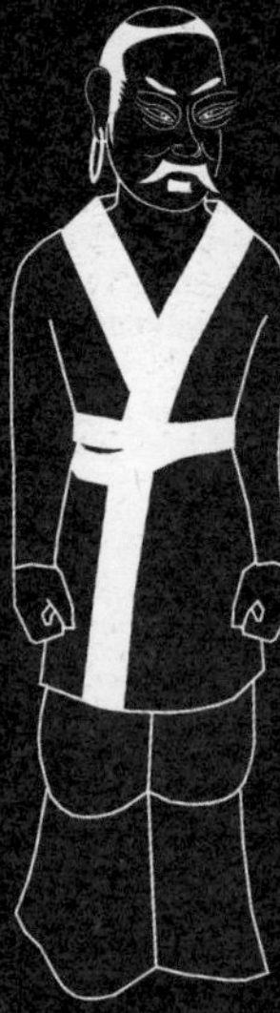

汉人穿　裙

下裤

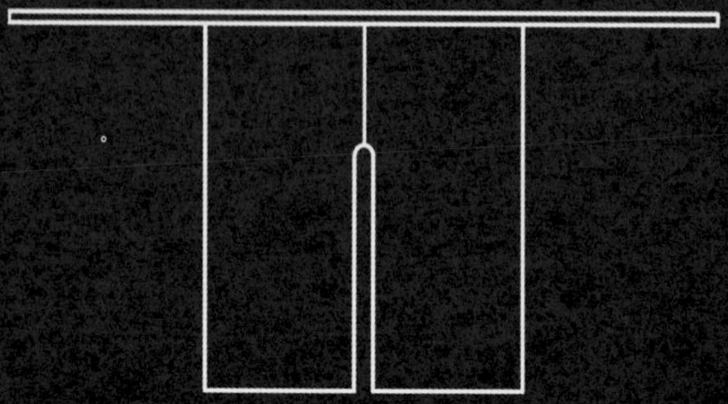

下裳

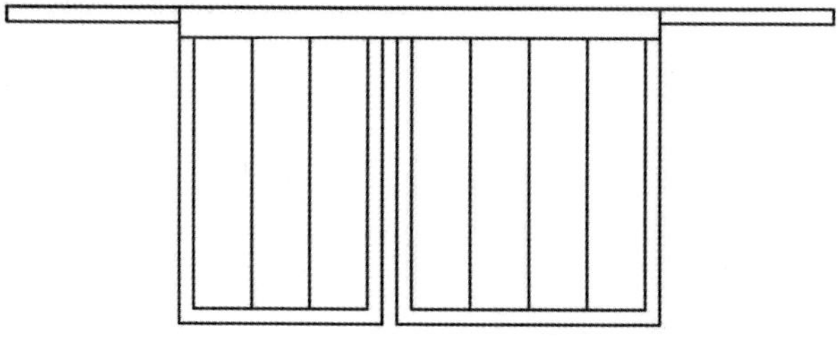

合裆裤　汉人穿的原是开裆裤，
因为穿着时外罩下裳蔽体，
裤所以无须合裆；
而北方游牧民族则不同，
开裆裤不便于骑射，
所以胡人需要穿保护力更强的合裆裤。
战国时期，
赵武灵王推行胡服骑射，
把合裆裤引入中原，
在军中首先流行，
然后渐渐普及民间，
成为汉服的一部分。

裳　裳指下裳，裳就是裙，
古代汉族男人从夏朝就开始穿裙，
直至封建社会灭亡才结束，
从此中国男人与裙文化完全分开。
现代男人穿裙，被视为奇装异服或女性化，
这实在与中国传统服装文化中
男人穿裙所表现的儒雅相距甚远。
古人的裳内是没内裤的，所以特别讲究坐姿，
标准是跪坐，臀部需要坐在脚跟后上，
臀部是不容许坐在席上的，
如果坐时双腿伸开，就很容易走光，
那是非常失礼的行为，也因为裳紧贴下体，
被认为是非常私密之物，不能随便触碰的。

配饰

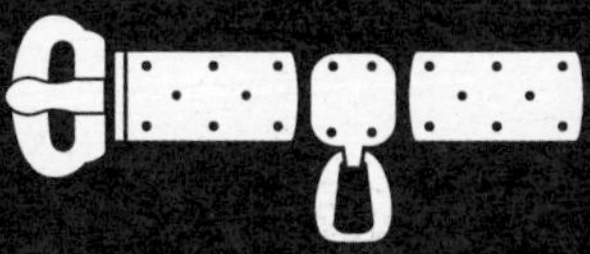

革带与皮靴　汉人束衣用大带，大带是用丝帛制成的软带，不能用作悬挂随身物；胡人用的是革带，

深衣

质地厚实，方便悬挂随身物，
但不能像布带那样系结，而是利用带钩或带扣。
带钩和带扣在三国前同样流行，
带扣上因为有活动的扣舌，
比带钩更方便实用，所以在三国后，带扣完全取代带钩。
蹀躞带是北方游牧民族最有特色的腰带，
带身下端连着铰链或皮条，用来系刀、
剑、皮囊等杂物，美观实用。胡人穿靴，
靴既可保暖，又可减少在骑马时小腿与马身的摩擦，
所以一直是北方游牧民族服饰的重要特色。
到了战国时期，汉人也开始穿靴，
全因为赵武灵王推动胡服骑射，同时引进了靴，
军人将裤脚塞进靴筒，行动更加矫健利索。

深衣　上衣下裳的服式形制，
到了春秋战国之交有新发展，
一种新的服式出现，名为深衣，
与上衣下裳两种服装形制同时并存。
深衣是上衣和下裳连在一起的服装，
深衣的意思就是将身体深藏，特点是续衽钩边，
续衽就是把衣襟加长裁剪成三角形，
穿着时绕至背后并用腰带扎紧，钩边就是在领、
袖、襟、裾的边缘，都镶了一道厚实的锦边。
深衣所费布料很多，非平民百姓负担得起，
所以在春秋战国，深衣既是士大夫的居家服，
也是平民的礼服。深衣流行的时间虽然不长，
但对以后各朝代袍服发展影响深远。

05

裁剪

无肩线

减去的艺术

肩线是前幅与后幅肩膊相连的位置，
现代服装是前后幅分裁，
肩膊位置形成一道缝线，称为肩线。
破肩线有其实际需要，因为节省布料，
排唛架（marker）比较容易，
如果不破肩线，浪费布料相对较多。
破肩线省布是现代裁剪的概念，
其实古代中式裁剪和现代西式裁剪，
是两种不同的概念，
中式裁剪放弃肩线，选择破后中，
聪明地解决裁剪的需要，而且并不浪费布料。

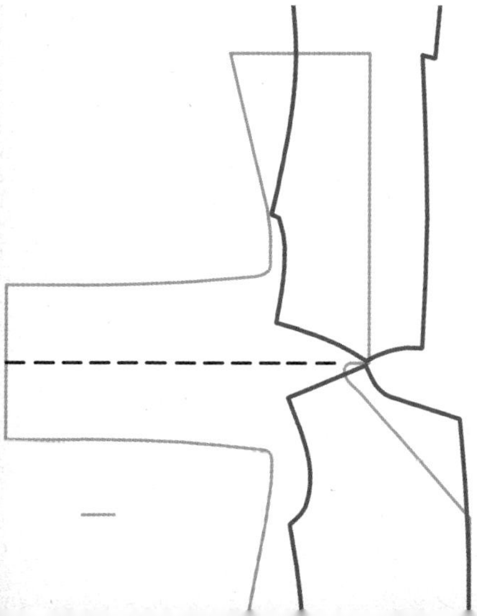

无夹圈

夹圈是身体与手的连接部位，
现代西服把衫身与袖分裁，形成夹圈，
使衣服更具立体感。中式裁剪则不同，
衫身与袖相连，不追求立体效果。
中式裁剪还有幅宽的考虑，
一般需要缝接另一片来增加袖长。
肩是现代男装审美的重要部位，
西服裁剪使用夹圈，再配合肩垫，
使男人肩膀看上去更强大。
中式裁剪不使用夹圈，
穿者肩部形成八字向下，
使身体显得柔弱，因此以现代审美来说，
没有夹圈的中式裁剪显得不合时宜。

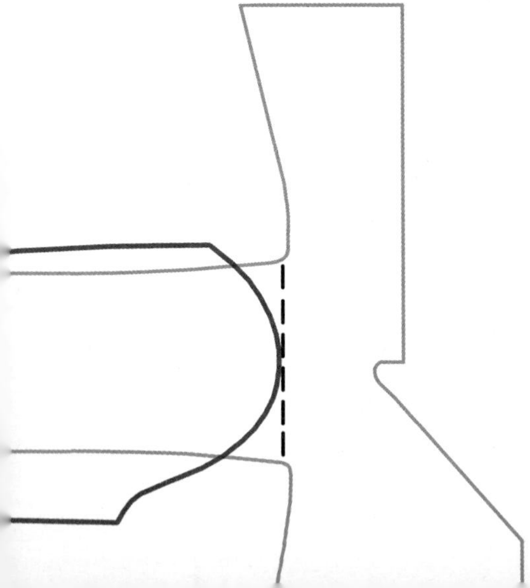

无门襟

现代西裤裁剪紧贴身体，
需要打开门襟才能穿上，
传统中式裤的裤腰和裤管宽阔，
因此不需要门襟也能穿上，
穿时把裤腰多余的布摺一下，用腰带系起来，
再向下卷一卷裤腰就可以了。中式裤
普遍采用粗棉布，裤裆和裤腿用同一面料，
裤腰用不同色另拼上。中式裤有单裤和
夹棉裤两种，历代中式裤的制作变化多在拼裆，
有直裆和斜裆，多取决于面料的幅宽。
清代男裤裆深腿肥，而民国裤裆渐变小，
裤腿较为平直，直至二十世纪四十年代，
西裤开始成为主流，传统中式裤渐渐式微。

无纽扣

现代人很难想象，
中国传统服饰一直不用纽扣，
纽扣在中国最早用于圆领袍衫上，
直至明代纽扣才被普遍使用。
在没有纽扣的时代，
衣服的衣襟之间
是用一根小带子系结起来，
充当纽扣的作用的。
到了清代纽扣有了革命性的改变，
就是出现了纽襻的应用，
及后民国又进一步发展，
才开始使用现代的纽扣。

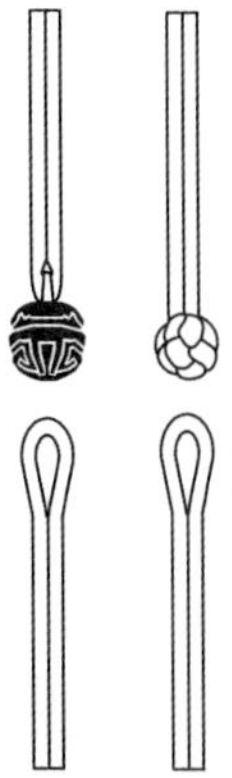

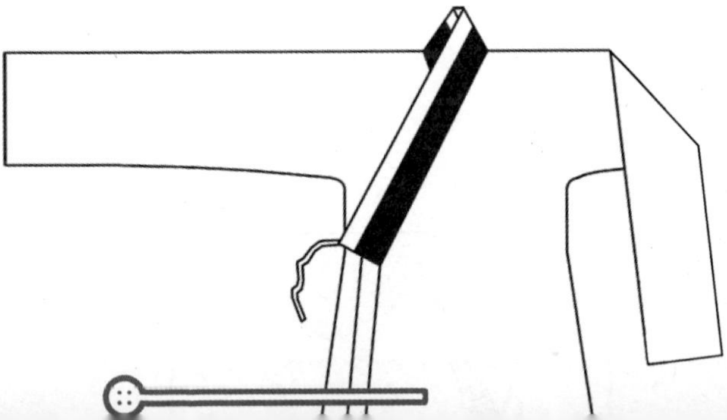

无口袋

汉服没有使用口袋的传统，
在未吸收北方游牧民族
使用革带携带随身物件时，
中原人处理随身物件
有两个常用的方法，
一是放在胸前衣襟内，
另一是收藏在衣袖里，
从魏晋时期开始，
革带开始在中原流行，
中原人就懂得使用革带来盛载东西，
而口袋的概念要一直到民国初期，
受西方影响之下
才出现在中式衣服上。

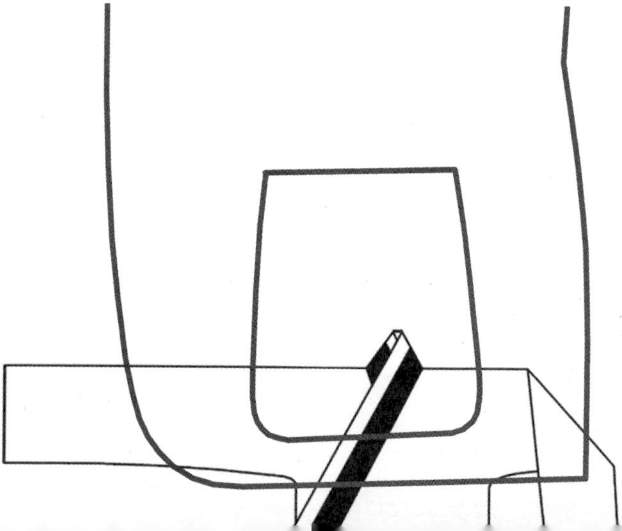

乙
卄
工

90

全手工高级订制

从早期的手绘方式，

到秦汉时期的模板印花，

魏晋时期的防染印花，

唐代的扎染、蜡染、夹缬及贴金，

直至明清时期的刺绣，

中国纺织及制衣技术达至巅峰。

订制一件龙袍，制作工序极为繁复，

一般需要五年，最快也要三年，

十个工人，百道工序，

更是只有贵族才负担得起，

相对现今的高级订制时装有过之而无不及。

印花

直接印花 将染料拌以黏合剂，并用凸纹版或镂空版，将其直接印在织物上显花的方法。秦汉时期，流行印花与手绘相结合。

贴金 将金箔或金粉，用黏合剂固定在织物上的过程，称为贴金。丝织物贴金始于魏晋，唐代开始出现印金，辽金元时期印金十分流行。

染色

蜡染　蜡染是用蜡做防染剂进行防染印花，最早出现在东汉时期的棉布上，似由西域输入。由于中原地区产蜡很少，唐代出现以灰代蜡的防染印花，明清时期蜡染则被广泛用于棉织物上。

扎染　用线或织物本身将织物扎结后入染，解结成纹，纹样具有晕色效果。扎染出现于东晋时期，唐宋时极盛，至今一直沿用。

夹缬　将布夹于两块镂空花版之间，利用花版紧夹进行防染，解开花版，花纹即现。夹缬始于唐，并盛行于唐宋两代，明清时期依然使用，多见于浙江和西藏一带。

刺绣

刺绣像是以针代笔，在布帛上绘下花纹，
远古的针用骨、竹或木制造，针眼比较粗，
到了春秋出现铁针，针眼缩小很多，
而且针尖锐利，从此就能绣出更幼细的花纹。
汉代社会刺绣需求量大，
因为贵族衣必纹绣，而且国外订单也多，
促使汉代刺绣技术飞速发展。
唐代刺绣针法有新突破，
除传统的锁绣针法外，创新出齐针绣技法、
套针技法等。宋代出现用刺绣摹仿名家书画的做法，
将刺绣推向极致。明清刺绣达到高峰，
精巧细腻，最后更形成苏绣、
粤绣、蜀绣和湘绣四大名绣名扬中外。

纺织

经锦　锦是用彩色丝线织成的多彩显花织物，是古代丝织品中结构最为复杂、变化最为丰富的一种。锦始于西周，唐以前主要采用以经线显花的经锦。

纬锦　受到西域纺织文化的影响，魏唐时锦开始使用彩色纬线，织出图案，称为纬锦，中唐起纬丝显花成为丝绸提花织物中的主流。

妆花　采用挖梭工艺织入彩色丝线的提花织物，根据不同的地组织，可分为妆花纱、妆花罗、妆花缎等。妆花始于唐宋，盛于明清，是中国古代丝织品最高水平的代表。

织金　在地组织上再织入金线的织物，
出现于唐代，流行于宋元，
最为著名的是元代的纳金石，
织金通常要求纹样花满地少，
充分发挥显金效果。

缂丝　采用通经断纬法以平纹组织织成，
织制时以本色丝做经，
用小梭将各色纬线依画稿挖梭织入，
最后不同色彩的纬丝间出现空隙，
有如雕镂之状，因此又称缂丝。
缂丝盛行于宋代。

07

衣料

贵族衣料

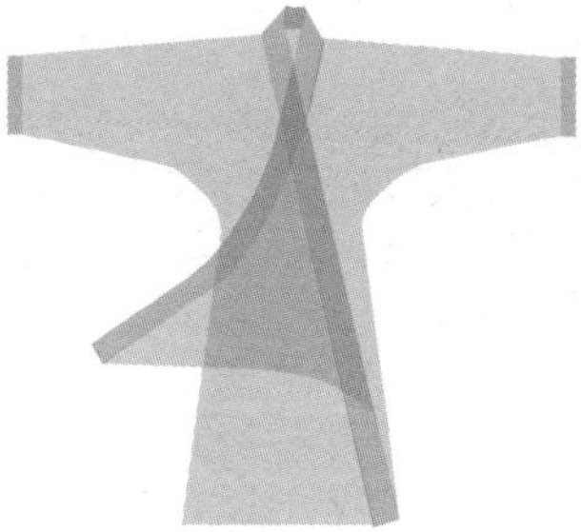

蝉衣

曾有一个故事，
在汉代一位外地商人来中国，
采购丝绸时碰见一位穿着丝绸服装的官员，
他透过丝绸看见官员的胸口有一颗痣，
无限感慨地说，
中国的丝衣真是了不起，
隔了一层还能看见里面的黑痣，
官员听后哈哈大笑，
撩开领口说着，
我哪里是一层丝衣，
我穿了五件丝衣啊！

黄金线

一九五八年明十三陵的定陵出土了一件明神宗万历皇帝的织锦金寿字龙云肩通袖妆花缎龙袍，袍的纱地上织出团龙纹，团龙纹的龙、云和火珠用金线做纬线织出来，龙的鳞、爪和头则用孔雀羽尾线织成，制作工序繁复。

黄金线制作工序：

1 把坚硬的黄金锤打成极薄的金箔；

2 金箔裱在羊皮或纸上，制成皮金；

3 将皮金切成细长而扁平的金线；

4 用丝绒做芯，涂上黏胶；

5 将金线循环围在芯上，干后制成捻金线。

玉

西汉时期皇帝和贵族死后常穿上一种形似盔甲的殓服——金缕玉衣，人们希望借助玉之灵性以防尸腐，这种对玉的迷信，是中国古代先民的一种情感寄托，把亡者的世界作为现实世界的一种延续。玉衣的使用根据等级不同，有金缕、银缕、铜缕、丝缕之分，是以许多长方形、方形、梯形、三角形、四边形和多边形等玉片拼合，玉片各角穿孔，钻孔直径仅一毫米，用金丝线编缀，按人体部分分别制成头、上衣、手袖、裤和足五个部分，在玉衣头部内有眼盖、鼻塞、耳塞和口塞，下腹部有罩生殖器用的小盒和肛门塞，这些都是用玉制成的，共用玉片二千多片，从头到脚形成一体，极像古代盔甲，工艺繁复与精密程度之高，令人惊讶，可是身体最终没有长存，不朽的只是玉衣。

羊毛和兽皮

中国以丝绸闻名，毛织物并没有得到像丝绸的尊贵地位，
其实先民利用毛在纺织上比丝还要早，
自古以来我国北方游牧民族一直都以毛为主要纺织原料。
中国羊毛可分蒙羊毛、藏羊毛、哈萨克羊毛等，羊毛具天然波浪形卷曲，
不同的长度和卷曲能织出不同质感与形态，这是其他纤维所没有的，
而且羊毛保暖性能好，一直是中国人冬天必备之物。
北方少数民族还有一种用来御寒的毛毯斗篷，是一种很有趣的织物，
其实它并不是织出来的，而是压出来的，用现代语就是不织布。除了羊毛，
兽皮也是北方民族生活的必需品，「东方曰夷，被发文身，南方曰蛮，
雕题交趾，西方曰戎，被发衣皮，北方曰狄，衣羽穴居。」这是中原汉人描述
四周少数民族的早期服装，说明中国西北部少数民族是穿兽皮衣的。

丝

丝绸服饰在古代是用来区分身份等级的，
历代帝王和官员的祭服、朝服和公服都离不开丝绸。
绫、罗、绸、缎是日常生活对丝织品的通称，
丝是蚕的分泌液形成的纤维，轻盈、纤细、柔韧，
富有光泽，原色是淡黄色，从石器时代已被中国人采用，
它的发现很可能是人类进食蚕蛹时无意中发现得来的。
从汉代起，丝随着丝绸之路闻名国际，
中国人对丝情有独钟，
但千年不变的审美情趣，
最终使得丝绸沦为没有朝气、
死板的传统服装用料，令人可惜。

绫罗绸缎

绫 以斜纹组织为基本特征的丝织品，疏松轻薄，可分为素绫和纹绫，素绫是单一的斜纹或变化斜纹织物，纹绫则是斜纹地上的单层暗花织物，绫盛行于唐代，其中以缭绫最为著名，多用于锦盒包装，书画装裱。

罗 采用绞经组织使经线形成明显绞转的丝织物，罗在商代已经出现，在唐代浙江的单丝罗十分著名，单丝罗表面具有均匀分布的孔眼，透气，是夏装的上等衣料。

绸　绸是绢的一种，平纹，古代对质地紧密平滑的丝织品统称为绢，在新石器时期已经出现并一直沿用至今。绢在历代又有纨、缟、纺、绨、绝、绌等变化，绌就是今天的绸，用途广泛。

缎　缎是经纬丝中只有一组显现于织物表面（反面无光），并形成外观光亮平滑的高级丝织品。缎有素缎、暗花缎之分，最初见于元代，明清时成为丝织品中的主流，适用于高级礼服。

平民衣料

鱼皮

东北黑龙江南岸的赫哲族人以捕鱼为生，
他们取来大马哈鱼皮和鲑鱼皮来制作鱼皮衣，
制作过程繁复，
要经过去鱼鳞、风干、脱油等工序，
一件鱼皮长袍就需要五十条鱼缝制。
除了鱼皮长袍，
还有鱼皮裤、鱼皮鞋、鱼皮手套等，
成品虽不是很柔软，
但效果倒是很特别。

棕丝

蓑衣是农家必备雨衣，编织蓑衣材料很多，
主要材料有棕榈树的棕丝，可做成啡色蓑衣，
还有三叶草做成的红褐色蓑衣，
和蕾草做成的黄色蓑衣。
制作蓑衣先要晒干棕丝，然后编织，
从领口开始打绳结，绳结扣子多少
决定蓑衣大小，从领口一直向下编，
再根据不同作用来增加扇面的尺寸。
因为棕丝表面有油分，
当雨水落在棕丝上会马上滚落，
是不会渗透衣服的。

竹

竹笠同样是农家必备雨具，是用竹篾片编成，
先把竹篾削成扁面条那样宽，
然后编两层，中间垫竹叶而成。
除竹笠外，竹还可以制作竹衣，
是夏天消暑最佳之选。
竹衣选用特幼的竹枝，切成小段，
每段约一厘米长，用棉绳穿成。
蓑衣和竹笠曾为不少古人挡风挡雨又挡雪，
在现今花花世界，这种朴实的蓑衣、
竹笠和竹衣都远离我们而去，很难再见，
要看这种造型，只有在古装武侠片了。

树皮

海南岛中部五指山黎族苗族自治县，
还有懂制作树皮衣的老人，
树皮衣已有四千至五千年的历史，
是由含有剧毒、见血封喉的树皮制成。
制作工序是先用拍打的方法脱树皮，
然后水洗清洁，再拍打树皮使其脱胶，
晒干后再拍打使其更柔软，
就可缝制衣服。
树皮衣质感粗硬，成品有点像盔甲，
因为带有毒性，所以不怕蛇虫鼠蚁的破坏，
是名副其实的以毒攻毒。

麻和葛

披麻带孝是现今人们对麻的直接联想，
其实麻在中国远古时期和丧葬是没直接关系的，
在西安半坡遗址中就发现不少陶片上留下麻织物的印痕，
说明中国最少在六千多年前已有成熟的麻织物。
麻和葛是人类最早利用在纺织的植物，
它们的纤维坚韧而长，
制成织物则透气性好，散热快，
所以古人夏日都是以麻和葛为主要服装材料。
粗大麻衣称为布衣，
长期为低层百姓所用，
以致布衣成了庶民的代名词。

棉

中国古人在服装纺织上懂得利用麻、葛、
丝之后，又掌握了通过加捻的技术，
把纤维续接加长，
引用到棉花这种短纤维植物上，
才开始人工培植棉花。
很长时期最先进的棉纺技术都不在中原汉族，
而是在海南岛黎族，直到元朝黄道婆来到海南，
把学懂的棉纺技术引进中原，才促使棉在汉族中流行，
更对后来蓝印花布的出现有着重要的影响。
现今棉是现代服装的主要材料，比麻和葛还要普及，
其实棉在中国普及的时间相对是短的。

08 纹样

人间花鸟	龙 寿	**清**
	缠枝花 皮球花	**明**
	八达晕 卍字流水	**宋**
	联珠纹 唐草	**唐**
	忍冬纹 生命树	**魏晋**
	云气纹	**汉**
天上神兽	龙凤虎纹	**春秋战国**
	饕餮纹 回纹	**夏商周**

天上神兽

敬畏自然

先民对世界的思维是模糊的，非逻辑性的，
他们猜想在自然界有一个强大的力量支配万物，
这个力量被先民想象成一个神物，
它是兽和神的混合体，
具有威吓、辟邪和庇护的力量。
远古时候最具代表性的神兽是饕餮，
此外还有龙、凤、麒麟等，都是幻想出来的。
神兽的诞生最初不纯是为了艺术性，
而是有其功利的一面，统治者把神兽绣在衣服上，
借助神兽的威吓性和神秘感，
使权力得以稳固。

越来越胖的龙

先民把各种动物的优点混合一起，创造了龙，龙拥有蛇身、鱼尾、马头、鹿角、虎掌和鳄爪。宋以前龙多与虎结合，如龙争虎斗、龙精虎猛等，表示威武之意；宋以后多表示天子，成为皇权的象征，从此高高在上。清代龙有很多不同的造型，正面龙、侧面龙、团龙和蟠龙，足有三四和五爪，但只有天子能绣五爪，称龙袍，官服中绣四爪的称蟒袍。清代之后龙返回民间，成为吉祥和喜庆的象征。

龙最初以蛇形出现，春秋战国后背上长了翅膀，变成飞龙，此时龙身多似兽形。唐代有龙珠，独龙吐珠、双龙戏珠的图案，多为三爪。宋代龙角分叉似鹿角，多为四爪和五爪，龙身又变回蛇形。明清龙身躯较粗壮，眼大而圆，眸睛突出，造型更为繁复累赘，还出现卷曲成团的团龙和盘卷在物件上的蟠龙。

饕餮纹

夏商周

早期的纹样反映先民对大自然的敬畏，
云和雷都是拜祭的重要对象。
由于原始社会工具简陋，
图案多为单线形式的几何图案，
有回纹、井字纹、菱形纹等，
其中以回纹在服饰中最为突出，
而神兽饕餮，
也是这时代的代表纹样。

饕餮纹　饕餮音「滔铁」，
是传说中一种贪吃无厌的恶兽，

回纹

最后连自己身体也吃掉，只剩下一个头。

回纹　圆形回转为云纹，

方形回转为雷纹，

后人将云纹和雷纹一律统称为回纹。

回纹很可能是古人制陶时，

留下在陶上的手指纹所启发而成的。

龙凤虎纹

春秋战国

春秋战国时期，
天和神在人们观念中仍有强大的影响力，
各种动物在继承传统的基础上，
加以变化和发展。

龙凤虎纹　湖北江陵出土的龙凤虎纹织物，
是凤纹、龙纹与虎纹结合，
或与花枝相对，
龙展翅扬足，
凤突出美丽的羽翼。

云气纹

汉

对以农业为主的汉民族而言，雨水非常重要，因此自古有祭云的活动，并非常重视，此时云纹以气的形态出现，实与当时思想观念相配合。汉代流行神仙向往，追求长生不老，行云流水式的云气纹便成了汉代纹样的代表。

云气纹　上下波动，起伏连绵如云气，而且在纹样之间还安排了具有吉祥含意的文字，如延年益寿、万世如意、长乐明光等。云气纹与神仙思想有关，寓意神界、人间与自然三者的关系。

人间花鸟

关切世俗

早期纹样以动物为主，
花纹只做配角用，
到了魏晋花纹才被大量使用，
先民从此更关注世俗人间，
利用谐音、比喻或借形，
赋予花鸟鱼虫吉祥寓意。菊花寓意长寿，
菊花与水仙一起寓意神仙长寿，
牡丹寓意富贵，牡丹与海棠一起寓意满堂富贵，
蝠寓意福，松竹梅寓意岁寒三友，
鱼繁殖力强，寓意传宗接代，鱼和余同音，
又寓意年年有余，总之图必有意，意必吉祥。

忍冬纹

生命树

魏晋

民族大融合加上佛教传入，魏晋纹样吸取大量西域特色，如莲花纹和忍冬纹，还有吸取波斯的元素如狮子、大象和生命树。

忍冬纹　忍冬草是一种藤蔓植物，看似脆弱的忍冬草，却在严寒中坚忍不拔地遍布山野，因此得名忍冬草。忍冬纹多以三瓣或四瓣叶组成，有正面、侧面或反叶的变化，多被作为边缘装饰。

生命树　极度平面化的设计，以菱形小点为装饰的生命树很像一片叶，一串串生命树重复并列横排在一起，具有古代阿拉伯装饰纹样特征，生命树是神圣真主的圣树。

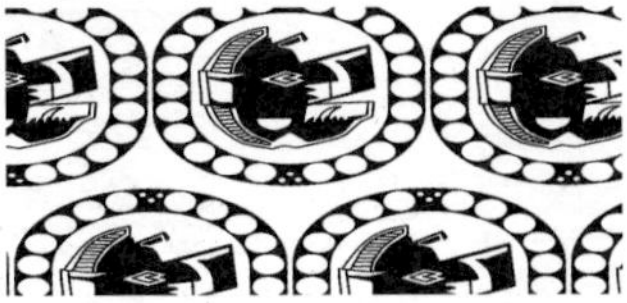

联珠纹

唐

唐代进一步受外来文化影响，异国情调浓厚，如受波斯对称式设计影响的联珠纹，造型华丽，主纹突出，对称组合，用色饱和，对比强烈。

联珠纹 由许多小圆点作长圆形组成，有呈横排或直排，也有四面相联，相联的交切处再饰以小圆珠、方块或花朵，联珠纹中央饰以鸟类、走兽或家禽，其中以新疆吐鲁番出土的猪头

唐草

联珠纹最为特别、有趣。

唐草　唐草是呈卷草状向左右或上下伸延的一种花草纹，唐草，即蔓生的草，其枝茎滋长延伸、蔓蔓不断，具茂盛、长久的吉祥寓意，经印度随佛教传入中国。唐代进一步发展成波状卷曲，活泼流畅，弧线优美，成为现今最具代表性的中国纹样之一，唐草绝对是世界文化交流融合下的美丽结晶。

八达晕

宋

宋代的纹样走向民间世俗化，
花鸟图案特别多。
宋纹不像唐代活泼热情，
色彩也不再华丽贵族，
整体倾向恬淡典雅，吉祥是重要主题，
其中寓意吉祥的八达晕和卍字流水，
对后代有很大影响。

八达晕 中心为八面形，向四方八面伸延，
形成网状的图案，八达晕有很多不同的变化，
效果繁复华美，八达晕寓意四通八达，

卍自流水

具有吉祥之意，是宋锦的重要纹样。

卍字流水　卍字流水是以卍字相连向四方发展的连续图案，卍字与佛教有密切关系，但不是佛教所创，而是一种世界性符号，远古中国和古埃及都有发现使用。唐代武则天将卍字读为万，卍字是吉祥符号，寓意万字不到头，是好运的象征。古代卍字左旋和右旋都有，但佛教一般写作左旋，与卍字相似的纳粹党标志则是右旋并倾斜四十五度，是有区别的。

缠枝花

皮球花

明

明代纹样几乎图必有意，意必吉祥，各种人物、花鸟和百兽都有，利用寓意、比拟、谐音方法，造型繁复，华丽饱满，反映人们将美好生活的愿望都寄托其中。

缠枝花　缠枝花是以花茎呈波状卷曲，连绵不断地穿插缠绕。缠枝花又称长青藤，不同的缠枝花有不同的名称，如缠枝牡丹、缠枝莲、缠枝菊等。

皮球花　以圆形作为花朵造型，形状似皮球，圆形有大有小，有单独也有相联，早期只做点缀，填补空间之用，后来才发展成以单独形式做主纹，宋代时称球路，明代则称皮球花。

龙

寿

清

吉祥图案在清代得到极致发展，不像明代单体型的吉祥图案，而是组合式居多，即多种内容组合成一个整体，如福禄寿喜、梅兰菊竹，龙和灯笼图案亦随处可见。清代中期以后，法国宫廷洛可可风格对清代纹样有很大影响，风格更为艳丽媚俗，繁琐堆饰，形成中西结合的清代纹样特色。

龙　在宫廷龙为皇权的象征，在民间龙则代表美好吉祥，造型上清代龙躯较粗壮，眼大而突出，龙纹繁复累赘，有正面龙、侧面龙、团龙和蟠龙不同的造型，足有三爪、四爪和五爪，但只有龙袍才能绣五爪，绣四爪的称蟒袍。

寿　长寿是每个人的愿望，在清代寿纹非常流行，寿字被设计成圆形，造型强烈，寿和龙组合成寿字龙纹团花状，也有寿桃、寿比南山等吉祥图案。

09 色彩

穿红着绿

古人对色彩的认识，从来没有抽离宇宙自然以外，作纯粹的视觉享受来分析，而是将色彩上升为礼教，将之等级化和符号化。

黑
白
黄
青
赤

五行色

中国先民根据自然物质——
金、木、水、火、土的变化，
找出与之相对应的象征色彩：
土的方位为中，色彩为黄，木的方位为东，
色彩为青，火的方位为南，色彩为赤，
金的方位为西，色彩为白，
水的方位为北，色彩为黑。
在中国传统文化中，青、赤、黄、白、黑
被视为正色，绿、红、碧、紫等
其他颜色被视为间色，
色彩因此便有了正间等级之别，
儒家的礼制依此演变官制服色，
来区分身份地位的高低。

正色

黑

BLACK 5 U 2X

黑在五行代表北、水的方位，
上古人们感觉到北方天空长时间都
显现神秘的黑色，认为天上的北极星是天帝的位置，
所以黑色在上古为众色之首。古人又将北方称玄天，
玄泛指黑色，相传夏代和秦代皆尚黑，
举国上下流行黑色衣服。
但佛教盛行之后，黑色地位有变，
佛教经常将黑色与罪恶放在一起，
黑色遂成了贬义。

玄　黑中带红，
玄衣𫄸裳在上古是祭服用色。

BLACK 6 U 2X

BLACK 7 U 2X

BLACK 3 U 2X

玄青　发蓝的黑，
自古是道教所崇尚的颜色，
道士头戴玄青色道巾。

乌　本义指乌鸦，
乌是暗而浅黑色，即乌纱帽的颜色。

皂　是以皂斗之壳煮汁染成的黑色，
皂衣就是黑色的衣服，
在北朝为祭服，在汉代为官吏朝服，
在明代为差役公服，
皂衣在历代也指军人、
僧人和贫贱者，即庶民之服。

红

185 U

WARM RED U 2X

1788U 2X

红是南方、火的象征，一切喜庆必选之色，在古代红色名目众多，有赤、丹、红、朱、绯、绛等，其中只有赤是五行色中的正色，尊贵的象征。

赤　赤即今天的红，色彩饱和夺目，五行色之一，是正色，中国人自古喜欢大赤，即今天的大红，认为是吉祥的象征，清朝皇帝祭祀必须穿大红色朝服，惟红虽被视为尊贵之色，但在明代之前并未于民间广泛流行，到了近代才成为一切喜庆、过年和新婚日子必选的服色。

丹　丹是略浅于赤的红色，在古代指朱砂，是天然矿物染料，唐诗中有句「雕题辞风阙，丹服出金门」，就有提到丹服。

红　古时指浅红色，是赤白混合的间色，与今天的红色定义不同。

165U 2X

WARM RED U

485U 2X

1797U

朱　朱是红中带黄的颜色，就是人们常说的朱红色。朱以天然矿物朱砂制成，色泽艳丽明亮，是古代科举状元红袍的用色，民间亦视为吉祥喜庆的色彩。

绯　红中带橙，在官服服色中居于前列，唐朝四品和五品用绯，宋朝一至四品也用绯色，可见绯的尊贵地位。

绛　绛衣是指深红色衣服，也可指古代武士的军服，由绛草或茜草等染成，故得名。

殷红　红中带黑，即暗红色，唐代元稹诗中有「殷红浅碧泪衣裳，取次梳头暗淡妆」，就有提及此色。

黄

YELLOW U 2X

在上古天玄地黄概念下，
先民崇拜土地进而崇拜黄色，
在五行中把黄色定为中心正色，
象征大地。黄色也是中国人的肤色，
从汉代开始，黄色作为朝服正色，
到了唐代甚至成了皇家专用色，禁平民使用，
这规定一直沿用至清朝灭亡，
长达一千余年。
例外的是和尚不禁黄，
因为元朝时皇帝赐黄，
导致僧人法服以黄为尊。

明黄　纯度高，清皇帝朝服多用明黄色。

101 U　109 U　116 U

缃　缃是带绿的浅黄色，
俗称香色，
清皇太子朝服用色。

蛋黄　清正黄旗盔甲用色。

赭黄　赭土染成，
黄中带赤的颜色，
是皇帝专用色，
赭黄袍是唐代皇帝所穿的常服。

青

3135 U

青在古代有几个意思，可指带绿的蓝色、黑色和白色，一般来说指介于绿与蓝之间的色彩，是五行色之一，象征东方、木。青衿是周朝读书人穿的衣服，《诗经》曰「青青子衿，悠悠我心」，后世青衫成为读书人的标志，晋代前青色还是高贵的象征。到了唐代青色衰落了，青衣成了地位低下者的代名词，上流社会都不穿青色的服饰，但青色在文人眼里另有一番清高的意味，李白号青莲居士，到了清代不论官位品级高低，公服一律是蓝色的，清代给了蓝色一个尊贵的地位。

青　唐朝规定八品和九品官服为青色，青袍、青衫、青衣同样可指读书人或地位低微的人，

286 U　636 U　2717 U　2738 U

但青袍又可指黑色的僧侣布袍。

靛蓝　在上古时期蓝只是植物名，
中古后才做颜色名，靛蓝色是从蓝草提取靛蓝染成，
蓝比青深一点，两者的色相很接近，
所以古人用青字的地方，往往也用蓝字代替，反之亦然。
靛蓝常用于民间的蓝印花布，效果清雅脱俗。

淡青　浅蓝色，明代规定贫民阶层只能穿淡青棉麻布衣。

花青　色寒冷，泛古意，民间读书人和僧人服色。

绀　带红的深青色，清代贵族男子的马褂用色。

2757 U

BLUE 072 U

PRO BLUE U 2X

藏蓝 近黑的深蓝色，
有红色成分，
深沉肃穆，
清贵族和百姓普遍服色。

宝蓝 有光泽感，
常与金色和白色搭配，
贵族常用宝蓝绸缎做底色，
上面用五彩金银丝线刺绣做华服。

碧 是深青色，名称来自玉石，
带有晶莹透彻的意味。

5455 C

COOL GRAY 1 C

白

白色在现今社会很容易令人联想成凶丧之色，不祥之象征，可是在上古时期并不是这样的，白色地位崇高，是五行色之一，象征西方、金，白色在古代与黑关系紧密，太极两仪之色就是阴黑和阳白。古代丝染业以素代称白，素即白色的素绢，蒙古族也尚白，喜欢穿白袍白靴。

白　五行色之西方，白衣指平民服或未取得功名的读书人。

缟色　略带黄的白色，指未经练染的本色生绢。

月白　指青白色的丝织品，清皇帝祭月时必须穿月白。

间色

藕

667 U

在古时紫色为不正之色，受排挤之色，
子曰「恶紫之夺朱」也，
可见孔孟对紫色的厌恶。
可是战国时期齐桓公不理礼教的约束，
特别喜欢穿紫色衣服，
一时间臣民争相效仿，
成为时尚，流传佳话。
紫色在人民的观念也起了变化，
在汉代以后甚至被作为珍稀的极色，
在唐代紫色更是三品以上官服的用色，
紫衣狐裘从此成为贵族的代名词。

藕　浅紫中带灰色。

524 U

5115 U

520 U

紫气　初升阳光照射下，
轻柔雾气的淡紫色调。

紫檀　因紫檀木色而得名，
紫檀木珍贵，
色紫黑如漆，
据说其木百毒不侵，
又能辟邪，故历来为帝王将相所爱。

紫藤　豆科藤蔓植物，
紫藤花的颜色。

橙

ORANGE 021 U

151U

橙色介于红黄之间，
给人光明和华丽的感受，
橙色在官服服色中居于前列，
唐宋四至五品的官服用绯色，即橙色。

赤黄 古代称之为缇，缇是丝织品之一，
说明缇跟服装关系很大。
自隋代起赤黄为皇帝服色，
宋代后更成为皇帝袍专用色。

章丹 色泽火热艳丽，高僧服饰。

354 U 2X　3308 U　3727 U　808 U 2X

绿

绿是青与黄混合的间色，在古代是下等的服色，绿衣特指品级卑微的下级官员的服装。

早在汉代，绿帻，即绿头巾，已是身份卑贱奴隶之专用服饰。元明时期更规定娼妓家的男子需头戴绿巾，后来更演化成侮辱性的象征。

绿　唐代贞观六品和七品的官服用色，宋代七至九品的官服用色，还有明代八品和九品的官服用色。

孔雀绿　色泽似孔雀羽毛而得名，常用在古代丝织品上。

墨绿　色泽古雅含蓄，清乾隆老人服装色彩。

翡翠绿　色泽像翡翠玉石，植物性染料，古代织锦常用色。

啡

1615U

188U

471U 2X

1817U

啡在古人眼中最初是下贱的色彩，对之十分不屑，特别是啡色调中的赭色，秦汉时期犯人都穿赭色衣。但秦汉之后赭色被提升了很多，一下子由平民升为高官服色，被视为权贵或皇权象征，成为皇家专用色。

赭　本是红土，就是今天所说的猪肝色，是一种深色调。

褐　褐是黄黑色，即浓茶的颜色，俗称茶褐色，也称棕色，是道士喜欢的颜色。

啡棕　民间老人服色，色苦涩暗淡。

罗汉果褐　常见于汉唐织锦色彩，色暖深沉。

灰

本意指燃烧残留的颜色，也是长城的颜色。

文人灰　浅灰色，清嘉庆时期文人流行穿此色，象征文人高雅的气质。

藕灰　古时普遍使用的服装面料颜色。

灰鼠　近似灰色松鼠皮毛色而得名，带光泽感，古代豪门子弟喜用此色的绸缎做衣服，极尽高贵华丽。

墨灰　深灰色，朴素大方，大众喜用的颜色。

10

日常服

穿衣有道

古时的穿着，
式样与场合
关系密切，
为求达到实用功能
与社会功能，
不同式样，
各自分工，
天子至庶民
同样服从。

汉服

襦

是一种衫身
长不过膝的短衣，
用麻葛制成，
衣袖窄小，
有单夹之分，
流行于东汉前，
可做衬衣或外衣穿，
及后发展成袄，
襦就逐渐消失。
襦是平民百姓的上衣，
平民着短衣

有其实际需要，长衣对平民来说不便劳动，而且也负担不起，事实上平民贫困，麻布衣料也是很难得的。

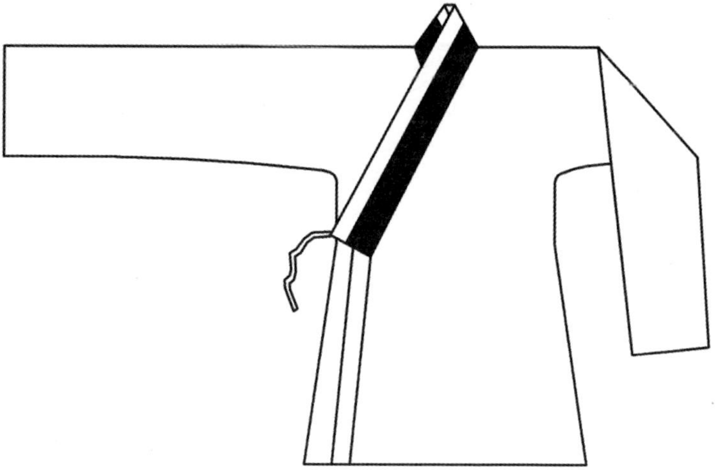

深衣

深衣兴起于春秋战国，是上衣下裳连在一起，再用不同布料做衣沿的服装形式，其特点是使身体深藏不露，雍容典雅。根据《礼记》所载，深衣的长度、形制，以至针对不同人士穿着皆有规定。短不至露出肌肤，长不至覆往地面。其形制非常讲究，如用十二幅布缝制，以与十二个月相应；衣袖做圆形，衣领同曲尺，衣背中缝长至脚后跟，象征天道之圆融、地道之方正，及人间之正道；从穿衣到行为举止都要合规矩，也要顺应四时之序。此外又规定父母、祖父母健在的，深衣需镶花纹的边，父母健在的就镶青边，父母不在的则镶白边，可见古人对衣服形制与礼制的重视。

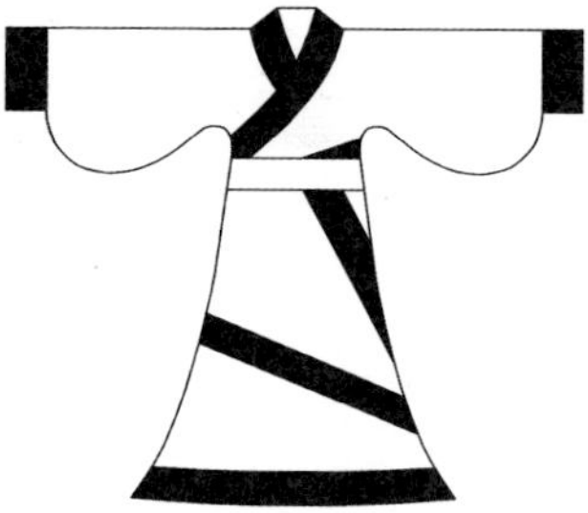

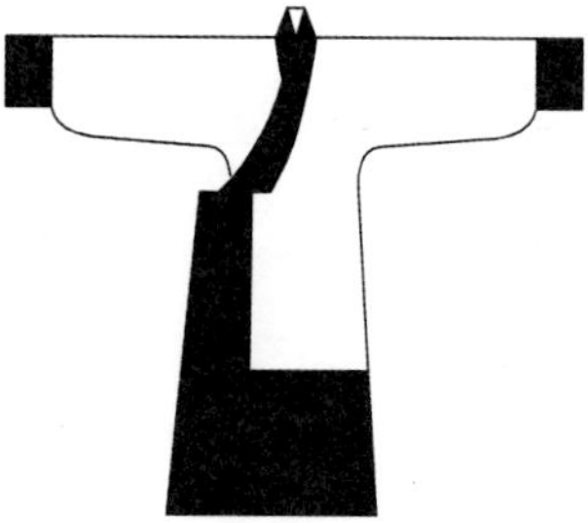

曲裾深衣　正因为深衣上衣下裳连属，又衣长至足，如不开叉，会影响走路，但开叉却容易将下体暴露在外，因为当时内衣仍不完备，裤都是无裆的，相应办法是前左幅以三角形向横加长，长度足以绕至背后，甚至有更长的，足以绕身数圈，像包粽子一样把身体紧紧包裹。古人称衣襟下摆为裾，而深衣绕至背后的三角形，下摆是不平直的，故称曲裾，名字曲裾深衣就是这意思。

直裾深衣　到了汉代已采用合裆裤，下体暴露的问题已不存在，这时再没必要使用曲裾深衣了，所以人们采用了直裾深衣，即衣襟相交后垂直而下，这种直裾深衣又名襜褕，最初只在民间流行做便服使用，在西汉晚期发展成礼服，后再变成朝服。

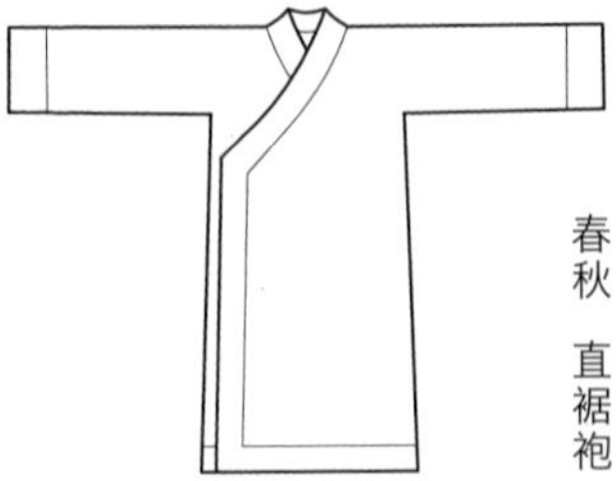

春秋　直裾袍

袍

袍为长衣的统称，长度过膝，本是少数民族服装，春秋战国后流行于中原，渐渐成为中原主流服装，取代了深衣作为外衣的位置，是中国历史上最有生命力的服装款式。

春秋战国　春秋战国的袍是絮有丝棉的长内衣，富贵人家穿着时外面必须套上正式的外衣。

汉　袍到了汉代演变成外衣，后来更不论是否絮棉，都称之为袍，无絮棉的袍和直裾深衣在形制上差别不大，后来两者合而为一，发展成外穿的袍，

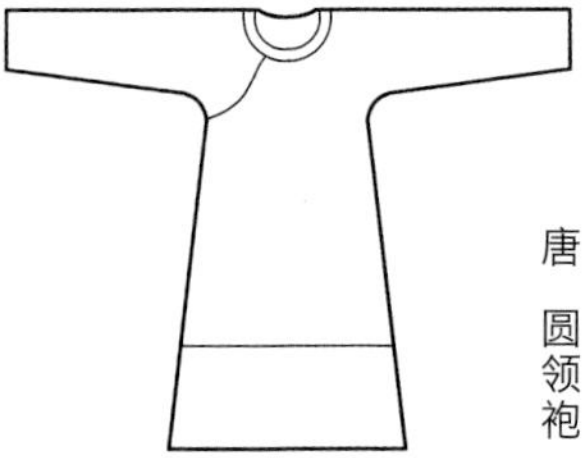

唐　圆领袍

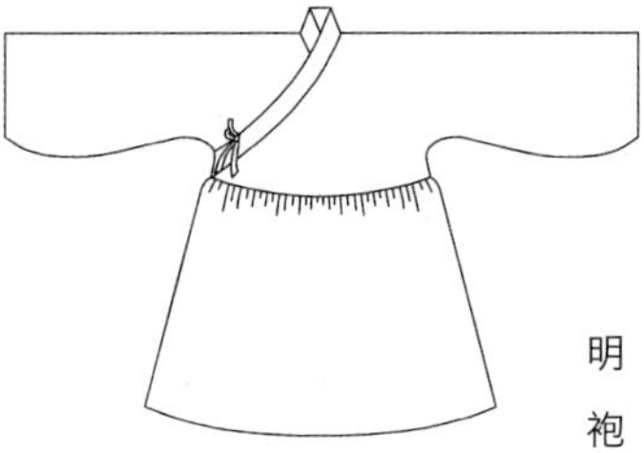

明　袍

从此袍由内衣正式成为外衣。

唐　唐袍演变成圆领窄袖，下摆有拼接，称为横襕，一直沿用至宋代。

明　明袍受少数民族服装影响，腰间有很多密褶，下摆A形散开似裙。

清　清代最特别是加上箭袖和缺襟设计，常用五彩织绣。

民国　箭袖已不再使用，圆领已被立领所取代，用素色或暗花面料，衫身改为直身，近代常说的长衫马褂之长衫，实际意思是指长袍。

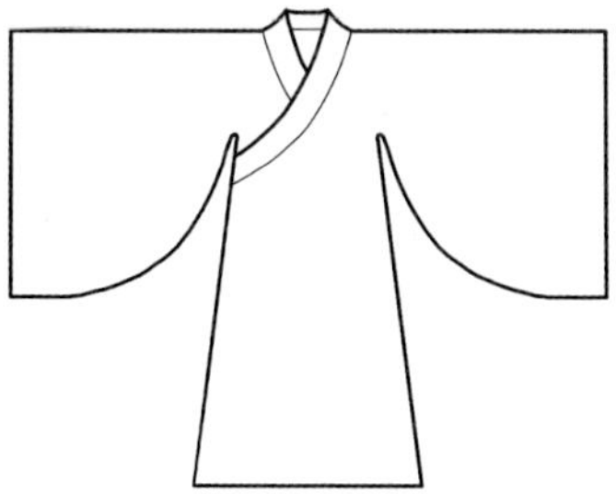

衫

衫是衣袖宽松，衣料轻薄，没有衬里的单衣，取其凉快，是春夏的衣服，因为轻便随意，所以是历代文人喜爱的便服。衫形成于魏晋时期，衫袖宽大，无袖祛，前中用带系缚，多用轻薄的纱罗制成。其代表者是竹林七贤，他们袒胸露腹的形象早已成为魏晋风度，别树一格。到唐宋时期，一种白色麻布制成的圆领襴衫广为流行。民国时期流行长衫马褂，事实上是从清代的袍演变而来的，与衫没多大关系。

衫和袍的区别　袍本意是保暖的秋冬服，所以多为交领，且有夹里或絮棉；衫本意是凉快的春夏服，所以衫是单衣。衫和袍最大分别在袖口处，袍的袖口收窄而且加有祛口，衫的袖是不收窄和没有祛口的，而且衫多为大袖，所以在整体上感觉更为随意自在，轻薄飘逸。

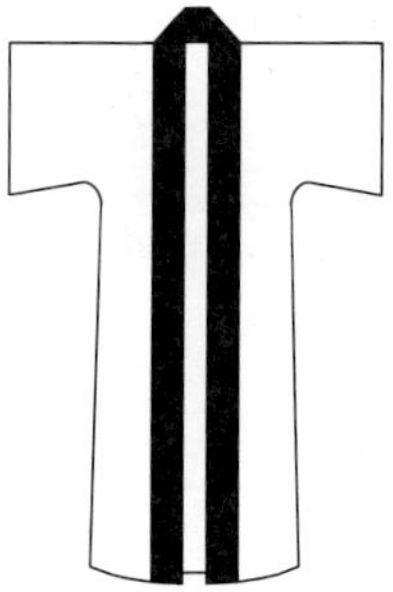

半臂

古代并不是全穿长袖，
从魏晋开始有穿半臂的习惯，
到了唐代更加流行，多采用对襟，
衣身短小，两袖宽大，长不掩肘。

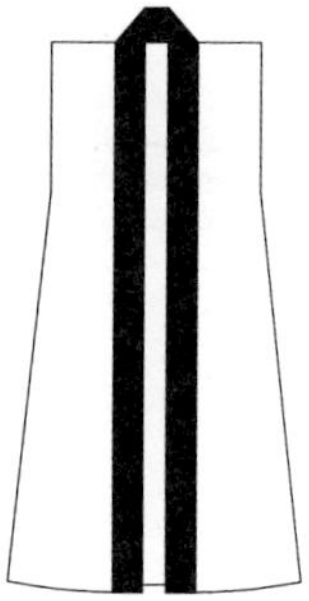

罩甲

罩甲是一种在明代流行的长背心，
无袖，对襟的外衣，左右两侧开长衩至腰，
衣长至腰下或膝下不等，
穿时罩于袍袄之外，故名罩甲。

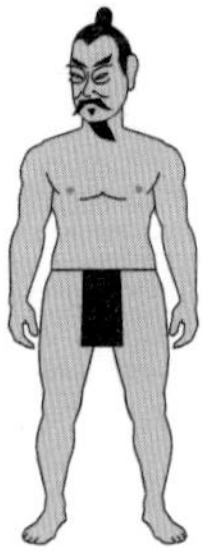

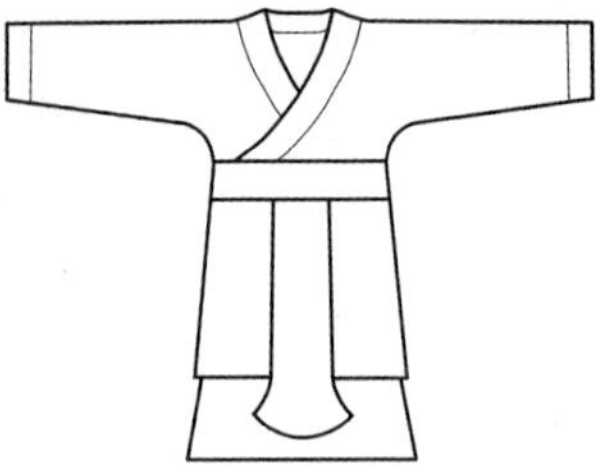

裳

遮羞布　第一件下裳可能就是围在下腹的遮羞布，目的是生殖崇拜、遮羞、吸引异性，还是保护生殖器，众说纷纭。

芾　遮羞布后来演变成形状如斧口的宽带，系于腰中，悬挂在裳外。芾其实是象形字，以炫示生殖器的硕大。

蔽膝　再后来芾不再是斧口形，而是渐渐变阔成长条状，围系在裳外，名为蔽膝，后成为权力的象征。

裳　商周时期，裳是遮蔽下体的服装统称，古时布帛幅宽狭窄，因此裳分前后各一片，前片由三幅布组成，后片由四幅布组成，腰位有褶，另配有腰带。穿裳要注意举止，因为裳两侧不相缝，为了避免身体裸露，有失礼仪，臀部必需坐在脚跟上，如双腿伸开，会被认为是失礼的举动，古时要端正跪坐与此有关。

围裳　汉代以后人们已穿合裆裤，裳遮蔽下体的功能消失，因此演变为围裙式，上端缝有腰带。围裙式的裳作为礼服之用，穿在袍之外，一直沿用至明代才消失。

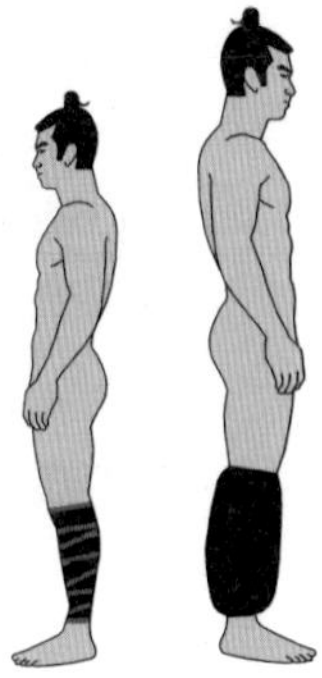

胫衣

汉族服装早期是没有裤的，在下裳内只有作为保护小腿的胫衣，膝盖以上是无遮盖的。胫衣后来发展成开裆裤，两者的主要目的都是御寒，穿着时外罩下裳蔽体。而北方游牧民族则不同，开裆裤不便于骑射，故需要保护力更强的合裆裤。战国时期赵武灵王推行胡服骑射，把合裆裤引入中原，在军中首先流行，然后渐渐普及于民间，最终成为汉服的一部分。胫衣是一种两端以带子捆在小腿上的布筒，上至膝盖，下至脚踝，像后世之绑腿。胫衣在历史变迁中一直没有消失，因有助行走跳跃，并对小腿有保护作用，多为武士和苦力之用，至今还留存下来，少林寺僧人仍穿着。

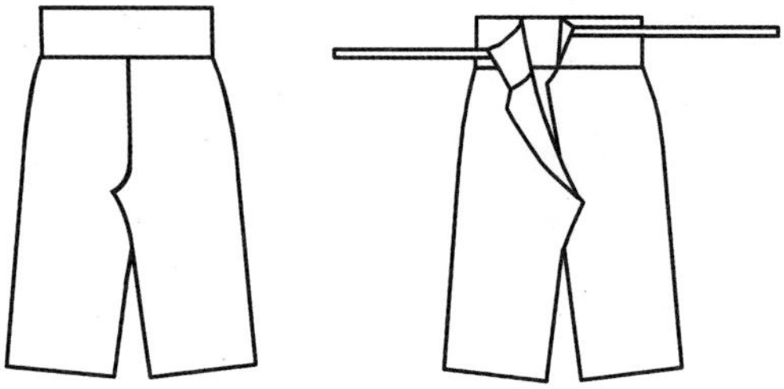

裤

开裆裤　开裆裤古时称绔，是由胫衣加长发展而成。开裆裤作为保暖之衣，一般贫穷的人是穿不起的，是一种奢侈品，成语纨绔子弟的绔字源于此，后人把它理解为衣着奢华、不务正业的有钱年轻人。

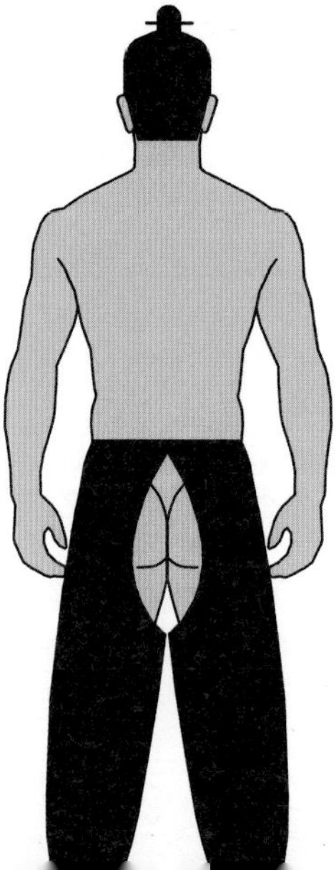

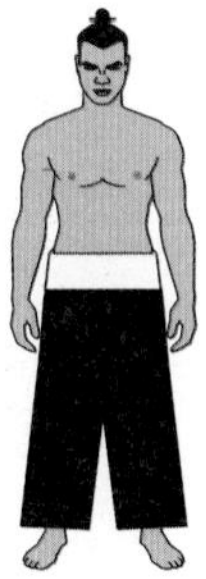

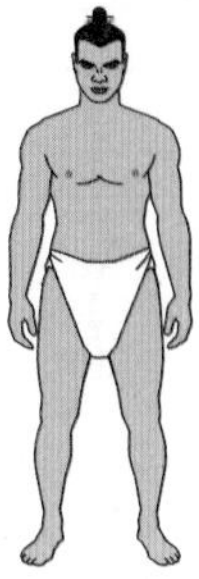

合裆裤

合裆裤古时称裈，有两种形制，一为短式，像今天的三角形内裤，因为外形关系，故称犊鼻裈，是贩夫走卒的穿着。另一为长式，作为内衣，是古时富有人家所穿的，裤管宽阔，无门襟，穿时把裤头多余的布摺一下，用腰带系起来。清代合裆裤普遍采用粗棉布，裤裆和裤腿用同一面料，裤腰用不同色另拼上。合裆裤有单裤和夹棉裤两种，历代合裆裤的制作变化多在拼裆，有直裆和斜裆，多取决于面料的幅宽。清代合裆裤裆深腿肥，而民国裤裆渐变小，裤腿较为平直，直至二十世纪四十年代，西裤开始成为主流，中国式传统裤渐渐式微。

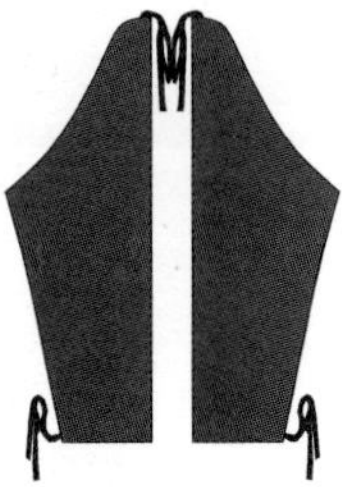

膝裤

宋代以后流行膝裤，
膝裤其实是一种胫衣，
但不像先秦时期的窄小，
紧系在小腿上，而是罩在长裤外的裤筒。
清代称膝裤为套裤，
造型多样，
清初套裤上下垂直似直筒，
清中叶上宽下窄，
裤脚开叉以带系结，
晚清裤筒肥大，前高后低，
穿着时露出臀部和大腿。

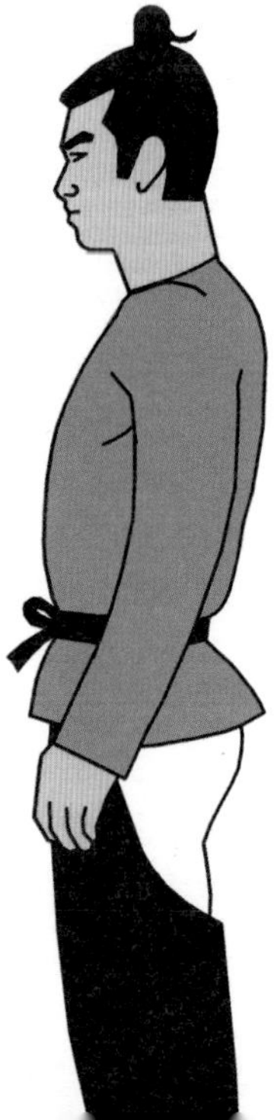

胡服

胡服是古代
中原汉人对
西域和北方异族
所穿服装的统称，
主要特征是窄袖短衣
配合裆长裤、
革带和靴。
另外与汉服的
右衽传统不同，
胡服有左衽的传统。

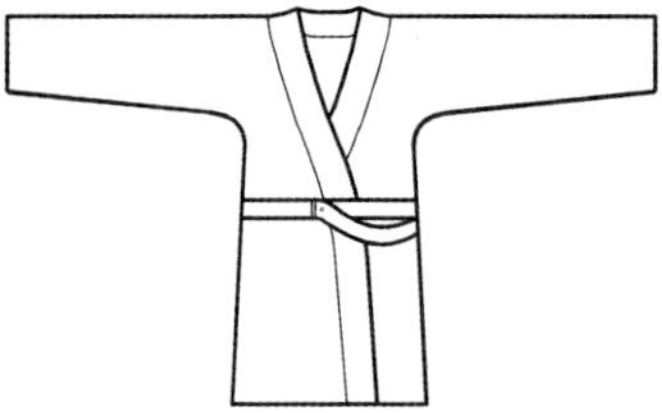

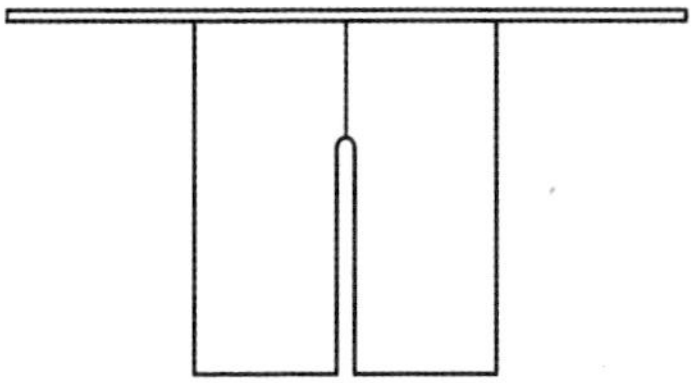

裤褶

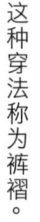

是一种在魏晋南北朝广为流行的穿法，由于此时期审美流行宽大，所以两只裤管也特别肥大，这种裤称为大口裤，在膝盖处有带子紧紧系缚，以便活动，形状像现代的喇叭裤，通常和一种称褶的窄上衣相配套，这种穿法称为裤褶。

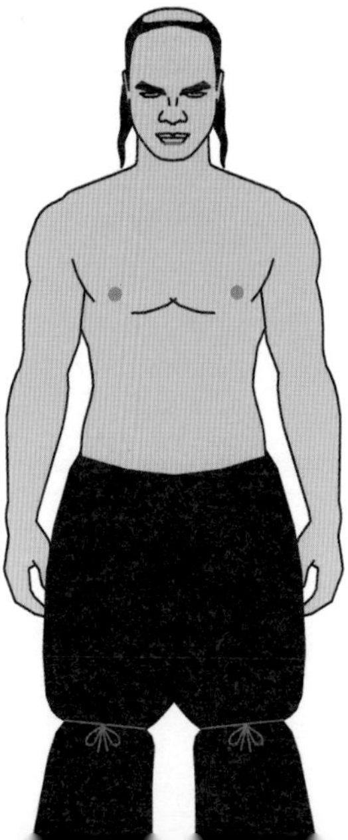

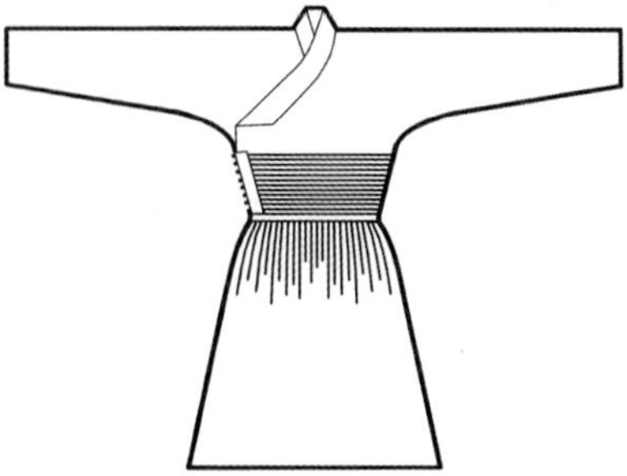

辫线袄子

是一种窄袖短袍，
新颖之处是在腰间缝出
整齐紧密的横向褶，
褶上缝有纽扣，
另外在低腰处还
造出大量细密的乱褶，
形成下摆宽大。
辫线袄子作为外出骑射之服，
是北方游牧民族
特有的设计。

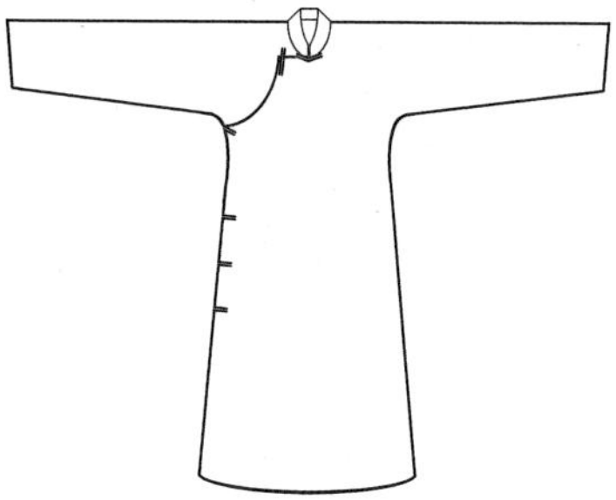

长 衫

长衫是民国男子常服的统称，
又称袍衫，
从清代的旗袍演变过来。
长衫是企领窄袖，
下长过膝，两边衫脚开叉。

民国长衫和清代袍的区别

民国长衫无箭袖；
民国长衫不用五彩织绣面料，
多为素色或暗花；
民国长衫不是圆领，而是企领。

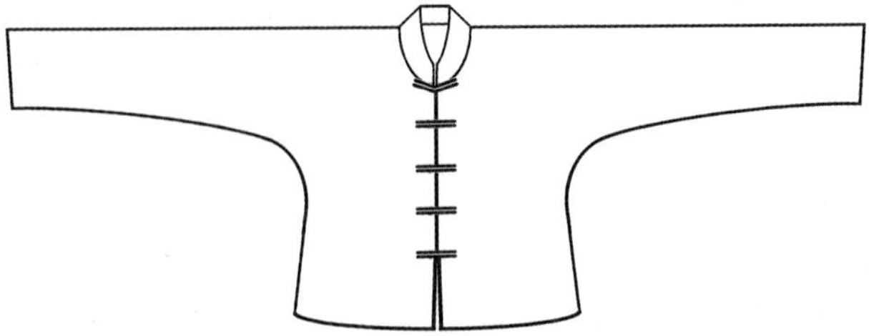

马褂

马褂在清代初期是圆领的，即没有领子，
后来有企领的马褂慢慢流行，
到了民国大部分马褂已是有企领的款式了。
民初时期马褂衣身极短，比清代时期的更短，
曾被定为礼服，重大社交场合均需穿着。
马褂两侧和后中都开叉，
衫长至腹，多为五组纽扣，
短衣高腰的马褂将穿着者分成上窄下阔两截，
通常上身的马褂是深色，
外露下半身的长衫是浅色，
形成特别的风景。

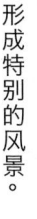

对襟

大襟

马甲

起源于军戎服中的裲裆甲，北方称坎肩，南方称马甲，至晚清时已成为主要男服，可做礼服穿。坎肩有对襟、大襟、琵琶襟和一字襟四种，一字襟前幅横开之门襟上用纽襻七对，另左右腋下各三对，共十三对，所以一字襟又称十三太保。大襟、琵琶襟和一字襟坎肩在清代十分流行，至民国渐渐减少。民国时期受西方影响，纽襻改为西式纽，袖笼开始变小，加上贴袋，面料也由清代的织金妆彩变为平素暗花，制作也由简洁代替镶滚嵌压。

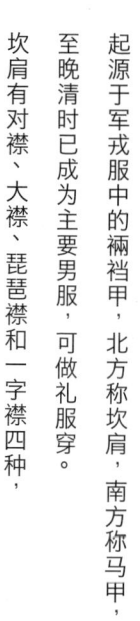

琵琶襟

一字襟

袄

袄是由襦发展而成的
一种冬天短衣，
比襦长，但比袍短，
袄一般长至胯部，
絮了棉的袄俗称棉袄，
有大襟和对襟。
袄大约出现在魏晋时期，
由北方传入中原，
民国后演变成短袄。
棉袄舒适保暖，肥胖外形，
很受民间老百姓喜爱。

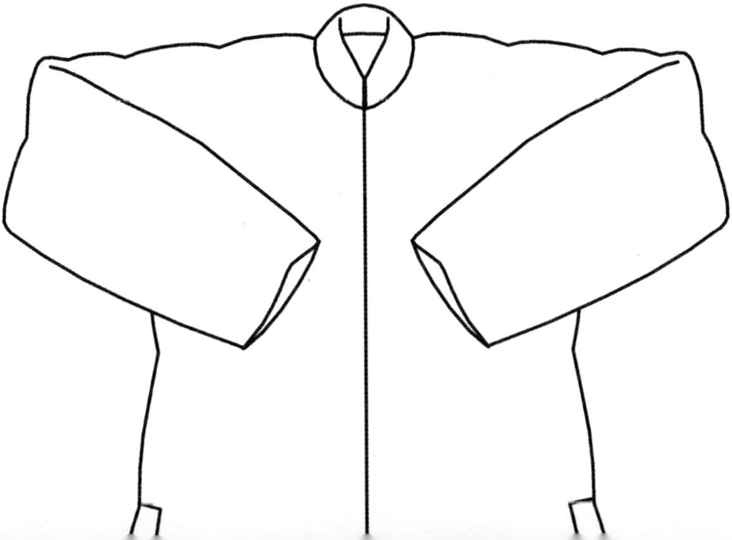

西服

早期中山装

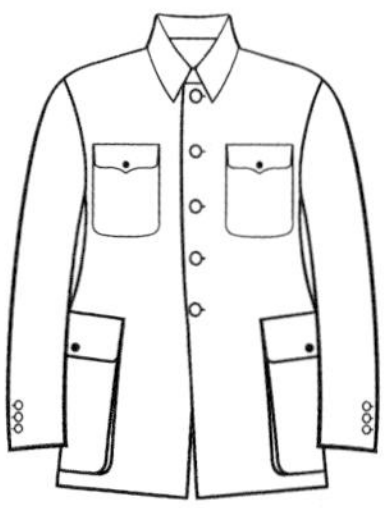
毛式中山装

中山装

中山装以孙中山先生名字命名，因毛泽东经常穿着，西方人称中山装为 MAO SUIT，特点是关闭式八字形领口，装袖，上下左右共四个明口袋，有袋盖，最初前门襟九个纽扣，后经过多次修改，最终是五个纽扣。

中山装作为民族服装，有着丰富的政治内涵，四个口袋代表国之四维，礼义廉耻，前襟五粒纽扣代表五权分立，行政、立法、司法、考试和监察权，袖口三粒纽扣代表三民主义，民族、民权和民生。中山装设计起源有多种说法，日式学生装、西式军装、南洋华侨企领服，众说纷纭，未有定论。

军大衣

二十世纪八十年代，不分老少，不分阶层，
每个人冬天都穿上一件绿色军用棉大衣。
价廉物美，又暖又轻的军大衣，
率先由年轻人穿起成为时尚，及后各级领导、干部、
医生和教师都跟随，并以军大衣为现代和年轻的象征。
直到九十年代皮衣流行，
慢慢取替军大衣成为冬天御寒服，
一时间军大衣成了土气的款式，
人们开始舍弃，但其实它并没有真正消失，
现今走在街上或工地中，
仍然可见到平民百姓穿着。

红卫兵装

是一种黄绿色的军上衣，最早是军队干部子弟穿着，他们翻出父辈洗得发白的旧军装，并配以红卫兵臂章，以示红色接班人。后来红卫兵形象迅速成为青年学生最时髦的打扮，全套红卫兵装形象包括旧军上衣、旧军帽、武装皮带，还有不能缺少的军肩包。

少数民族服

写在衣服上的历史

中国由五十六个民族组成，
五十五个是少数民族，
占全国人口百分之八，
他们住在偏僻的边疆、
闭塞的高原和海岛等，
气候复杂多变。
他们狩猎、畜牧或农耕，
因地制宜，就地取材，
他们的服饰文化和宗教信仰有密切关系，
因此服饰成了他们穿在
身上的史书。

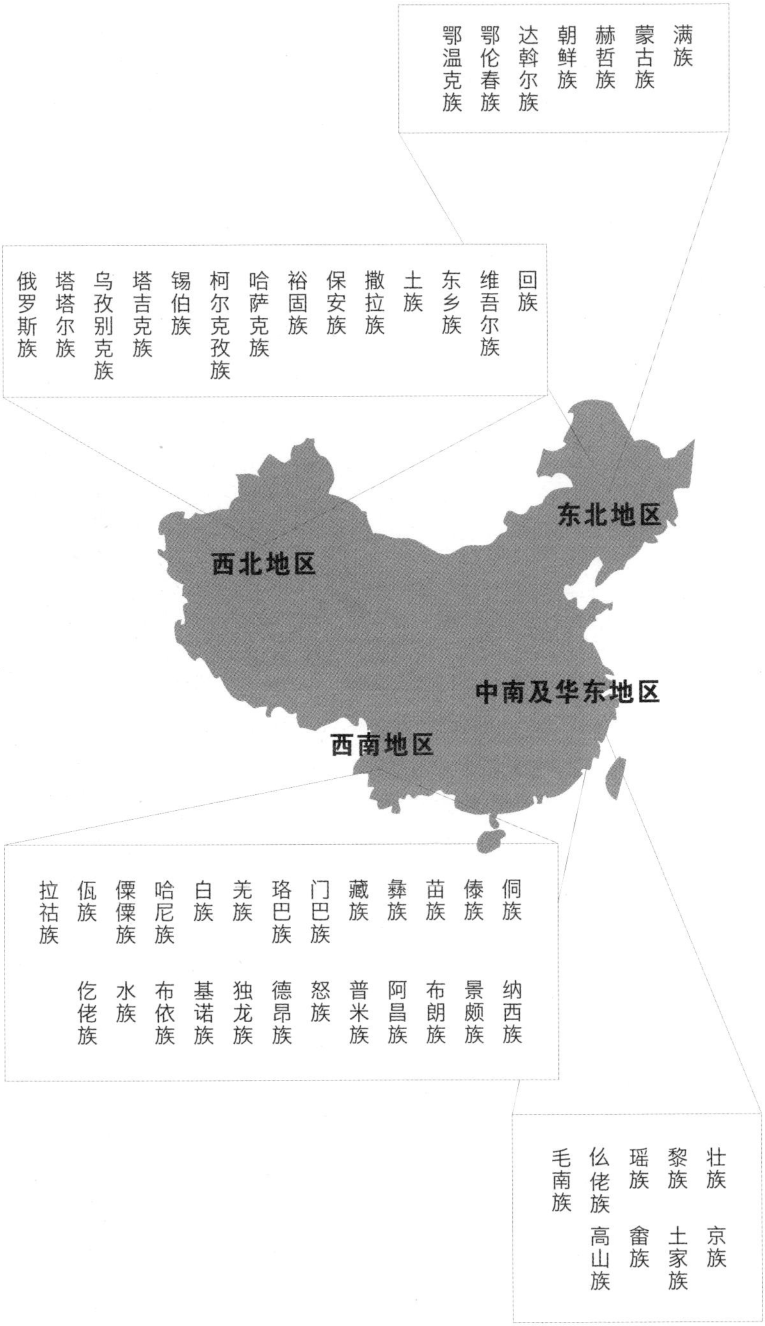
东北地区
满族
蒙古族
赫哲族
朝鲜族
达斡尔族
鄂伦春族
鄂温克族
西北地区
回族
维吾尔族
东乡族
土族
撒拉族
保安族
裕固族
哈萨克族
柯尔克孜族
锡伯族
塔吉克族
乌孜别克族
塔塔尔族
俄罗斯族
西南地区
侗族
傣族
苗族
彝族
藏族
门巴族
珞巴族
羌族
白族
哈尼族
傈僳族
佤族
拉祜族
纳西族
景颇族
布朗族
阿昌族
普米族
怒族
德昂族
独龙族
基诺族
布依族
水族
仡佬族
中南及华东地区
壮族
黎族
瑶族
仫佬族
毛南族
京族
土家族
畲族
高山族

东北地区

满族　主要集中在辽宁、吉林、黑龙江、河北等省市，信奉萨满教，先民靠捕猎和网鱼为生，现多从事农业。满族在清朝曾统治中国，从而对各民族服饰影响深远。满族男子留辫，一年四季都戴帽，上身穿长袍，下身穿裤或套裤，脚踏皮靴。

蒙古族　主要居住在内蒙古自治区，从事畜牧，逐水草而居是蒙古族悠久的生存特色。元代由传统的左衽改为右衽，清代后沿用清制服式。

朝鲜族

达斡尔族

鄂伦春族

鄂温克族

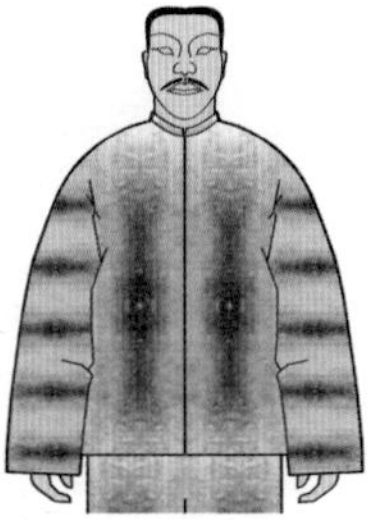

蒙古袍服面料华丽，多用织金锦，
摔交服裸露胸部，具有强悍风格，
上身穿蝶翅形皮坎肩，镶银质铆钉，
后背有圆形银镜或吉祥文字，腰围宽皮带，
下穿宽大多褶的白色长裤，外套吊膝。

赫哲族　赫哲族是唯一以捕鱼为业的少数民族，
主要居住在黑龙江，信仰萨满教。就地取材制成的鱼皮衣是
赫哲族服饰的特点，制作过程是先把鲑鱼皮完整剥下，去油，
风干去鳞，用木槌捶软，用多块鱼皮拼接成一块大面料，再裁剪，
最后用鱼皮或鹿筋造线缝合。除了鱼皮衣，还有鱼皮靴、
鱼皮帽等，由于鱼皮背部与鱼腹深浅色不同，
因此鱼皮制品具独特的渐变色效果。

西北地区

回族 信奉伊斯兰教的回族主要居住在西北地区，以甘肃、宁夏、青海等地区的回族，穿着最保持传统特色。回族男子戴小白帽，又称号帽，无檐，多为白色、黑色或棕色，用布制成，也有用线钩织而成，外出时再加戴有檐帽，但需露出号帽的白边。伊斯兰教规定礼拜磕头时要前额和鼻尖着地，故戴无檐帽较为适合，

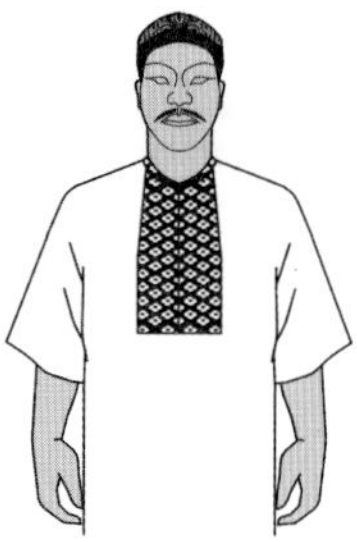

花帽

教规还不得露顶，因此回族人帽不离头。
回族人身穿白色对襟衫，
外穿一件黑色背心，名为黑夹袷。

维吾尔族　维吾尔族古称回鹘，
主要居住在天山以南的绿州，
信奉伊斯兰教。
青年男子穿白色合领襟衣，
领口、前胸、袖口均绣花边，
外穿维吾尔族最具代表性的宽身长袍合袢，
头戴花帽，色彩丰富，用刺绣、编织、
镶嵌等装饰，生活在西北地区的维吾尔族，
其服饰充分体现了中西文化交融的特色。

柯尔克孜族

锡伯族

塔吉克族

乌孜别克族

塔塔尔族

俄罗斯族

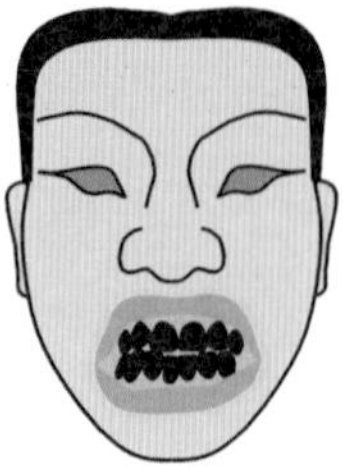

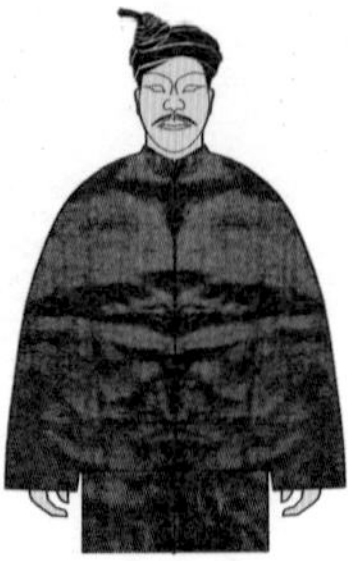

西南地区

侗族 侗族主要居住在湖南、广西、贵州一带，从事农业，男子穿自纺自织自染的侗布。侗布制作是用手工织成布后，用靛蓝浸染三四次，清洗晒干，布变成深蓝色后，将柿子皮、猴栗皮、朱砂根块等，捣烂挤汁染成青色，又用靛蓝继续染多次，布变成带红的黑，将布晾干后叠在一起，涂抹蛋清并用木槌反复捶打，直至闪闪发亮，最后用牛皮熬胶浆染一遍，可使硬挺不褪色。侗族男子一身闪闪发光的黑侗布，加上绣有太阳纹符号，非常有魅力。

傣族 傣族近一半人口聚居于西双版纳和德宏，

门巴族

珞巴族

羌族

白族

哈尼族

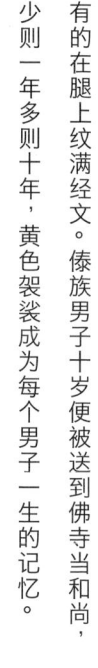

群山环抱的亚热带河谷，从事农业，信奉小乘佛教，佛教在傣族人服饰上起了很大影响。傣族先民把牙齿涂黑为美，把文字纹在身上，有的在胸前纹上佛塔，有的在腿上纹满经文。傣族男子十岁便被送到佛寺当和尚，少则一年多则十年，黄色袈裟成为每个男子一生的记忆。

苗族　苗族服装被誉为一本活史书，记载着自己民族的历史，流传后世。苗族先民多次战败，一次又一次南迁，苗族没有文字，为了希望日后能重返故土，于是把漫长的南迁经历转化，变成颜色和图案，比如南迁过程中过一条河，便绣一条黄色线，转过草原绣一条绿色线，战败一次，绣一图案，因此在漫长的南迁过程后，形成密密麻麻的色彩和图案，同时亦成为一本悲壮的活史书。

傈僳族

佤族

拉祜族

纳西族

景颇族

彝族 彝族支系繁多，主要居住在四川、云南、贵州和广西，其中以四川凉山是最大的彝族聚居地。由于长期处于封闭状态，二十世纪五十年代前还是奴隶制度，故保留传统特色最多，服饰最有代表性。凉山彝族男子头顶蓄发，俗称天菩萨，或缠黑头帕裹成尖锥状，斜插头帕端，俗称英雄髻，左耳戴蜜蜡珠，以无须为美，用斗篷式的羊毛披毡察尔瓦。

藏族　主要居住在西藏、四川、青海、甘肃、云南五个地区，从事农耕和畜牧，信奉喇嘛教。文成公主远嫁西藏，促使西藏与汉服饰交融，从此西藏贵族去掉毡裘，改穿绢绮，清朝时期受清人影响服饰更趋华丽和繁复。藏族的康巴和安多地区的男子服饰最华丽，华丽的穿着表现人们已将最初以功能为主，转化为炫耀财富和地位。

康巴男子穿织金锻长袍，袍身宽大，边镶兽皮，袖长拖地，穿长袍时将下摆提升至膝盖，脱去两袖扎于腰，胸前戴多串粗大玛瑙项珠；安多男子盛装时头戴狐皮帽或礼帽，身穿长袍、襟，下摆和袖口都镶有兽皮，胸前同样戴多串项饰。

独龙族

基诺族

布依族

水族

仡佬族

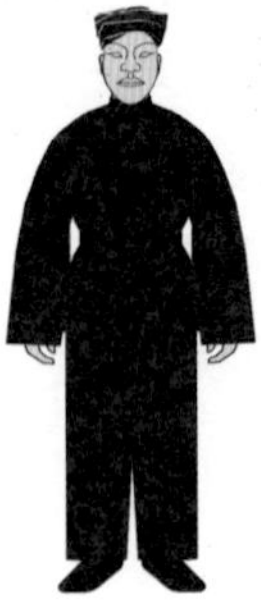

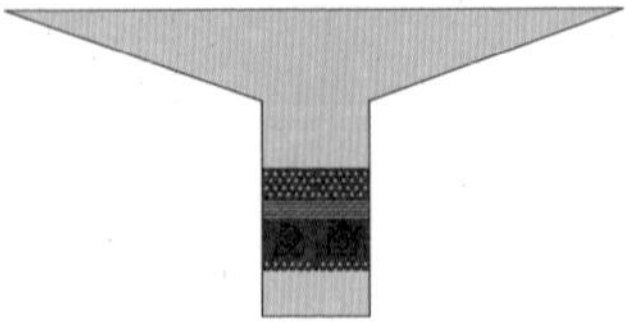

中南地区

壮族 壮族是人口最多的少数民族，大部分居住在广西壮族自治区。壮族人尚黑，尤其是黑衣壮，走进黑衣壮境内，彷佛走进黑色世界，房屋的瓦和木柱子是黑，连家禽也是黑，黑衣壮男子更是一身黑，黑色前开襟上衣，黑色大裤头宽脚裤，裹黑头巾，一切黑得抢眼，对黑的崇拜与迷恋，达到了极致，是其他民族没有的。

黎族 先民横渡琼州海峡，迁入海南岛，形成单一的民族黎族，男子上身穿白色或黑色麻布制成的对襟无扣上衣，下身过去穿着甚为简单，海南岛志记载，以一方掩下体，以带束其前后，系于腰间，称为小裹，另外还有一种丁字裤，

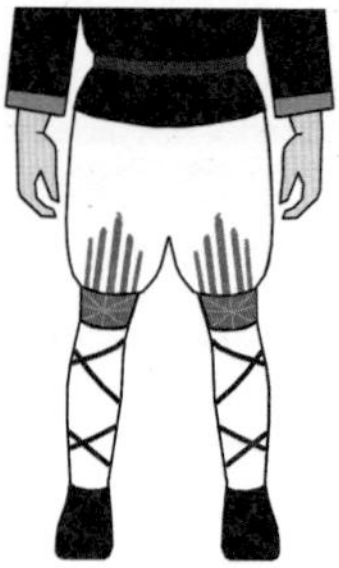

穿着时包住生殖器，因此俗称保卵裤。
黎族服饰纹样以龙、蛙等为贵。

瑶族　瑶族是一个迁徙频繁，分布面广的民族，
主要居住在广西、湖南、云南、广东及贵州，支系繁多。
其中以广西丹县白裤瑶的男子服装最为特别，
他们穿着雪白色短裤，裤身肥大，裤脚窄小，
在膝处绣有五条红线，中间长两边短。
传说先民在一次战争中，首领受了伤，手指上全是血，
无意中站起来的时候，把五个手指按在裤子上，
结果留下五条红色血印，
后人为了纪念他们的先民和这段历史，
就在裤腿上绣上五条红色线，代代相传。

11 功能服

礼服

冕服

祭服

古代祭祀是国家大事，
参加祭祀时天子、公卿、士大夫必须身穿冕服，
头载冕冠，冕服均是玄衣纁裳，即黑衣红裳。
衣裳上的图案和冕旒数目多少是用来区分等级的，
数目越多等级越高，如当帝王身穿绣有
十二章纹的冕服，头戴有十二旒冕冠的时候，
公卿就只能穿九章纹的冕服和九旒的冕冠，
侯伯就穿七章纹的冕服和七旒的冕冠，
如此类推，逐级递减。
周代冕服作为传统祭服，历代沿用，
各朝代虽有修改，但基本形制不变。

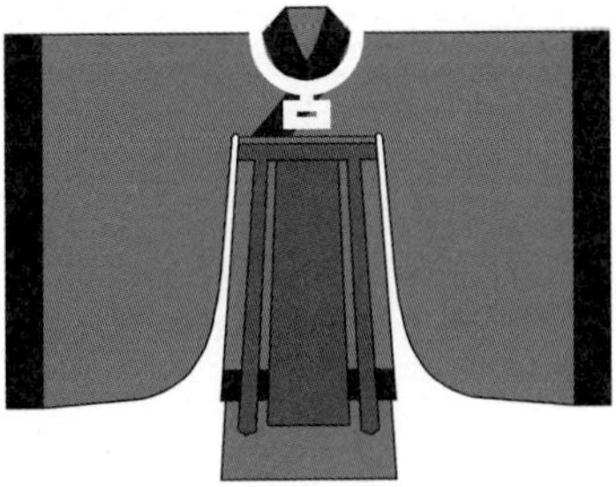

宋　方心曲领

朝服

朝服是帝王、百官上朝议政的服装，形制由祭服演变而来，最早的朝服是皮弁服，上衣下裳制，始于商周，上衣为白色细布，下穿素裳，因为全身素净，头戴的皮弁就有玉石做装饰，用来区分级别。至东汉改为上下相连的深衣制，随季节转服色，因多用绛纱制作，故又称绛纱袍，腰系大带和革带，配以佩绶来区分尊卑。宋沿用东汉袍制，特别之处是在颈项下垂有方心曲领。清代改为大清服制的披领，袍裙形式，夏季袍用缎制作，冬季袍边缘有皮毛，朝冠分冬夏两种形制。

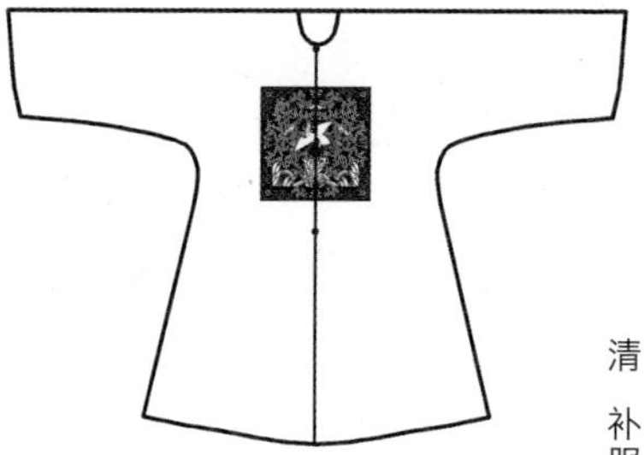

清 补服

公服

公服相等于现代公务员的制服，古代官吏在衙署内处理公务时所穿的服装，又称官服，比朝服简便得多，没有繁琐的挂佩，故又称从省服。汉时期文官的公服都是玄端，是黑色的，到隋代公服始以颜色区分官阶。在隋朝五品以上官员穿紫袍，六品以下穿绯袍和绿袍。唐代公服采用袍制，圆领窄袖，下穿乌皮履，公服颜色分四等，安史之乱后，在原来服色上分深浅。宋代用梁冠区分等级，所以不再使用深浅颜色，但仍用紫绯绿青四色制。元代用紫、绯、绿三色，除颜色外还加上纹样来区分官阶，一品在衣服上绣大朵花，二品绣小朵花，三品散花，无枝叶，四至七品皆绣小杂花，八至九品无花纹。明代用补子区分官阶，补子成方形。清代废除服色，不论品级高低一律是蓝色，补子分圆形和方形两种。

丧服

在周代丧礼是非常重要的，位置仅次于祭礼，身有官职的人遇父母之丧，必须辞官回去守孝，军中将士遇亲丧，无法奔丧者，需穿上黑色丧服，古称墨衰。丧服分五等，一等斩衰，二等齐衰，三等大功，四等小功和五等缌麻，合称五衰。五衰最大分别在于材质的粗密和缝边方式上，概念是关系越亲，衣服面料就越粗疏。

丧服用本色麻布制成，上衣下裳，头和腰系麻绳，穿草鞋，特别处是在左胸处缀一块小麻布，称衰，披麻带孝就是对丧服形象的概括。

因为汉民族是一个以孝为先的民族，故丧服在服制中最为稳定，从周代开始，沿用至民国时期。

一等斩衰 用极粗和稀疏的生麻制成，斩衰服是不缝边的，左胸处缀一块小麻布，穿斩衰的关系如儿子为死去的父母，父亲为死去的长子，妻子为死去的丈夫，臣子为死去的君王，服期三年，除去本年，实际为两年。

二等齐衰 用粗麻布制作，缝边整齐，左胸处同样缀一块小麻布。

三等大功 用大功布制作，大功布是一种熟麻布，颜色微白，质地比齐衰为细。

四等小功 用麻布制作，质地又比大功为细。

五等缌麻 五衰中最轻，用质地最细的麻布制成。

胸前缀一块小麻布名衰

内衣

无衣

岂曰无衣？与子同袍。
王于兴师，修我戈矛，与子同仇！
岂曰无衣，与子同泽。
王于兴师，修我矛戟，与子偕作！
岂曰无衣，与子同裳。
王于兴师，修我甲兵，与子偕行！
——《诗经·秦风》

不要担心上战场无衣服穿，
我借给你，
我们共用内衣和汗衫。

国王起兵去打仗，
擦亮长矛和盔甲，
同仇并肩上战场。

诗中提及的三种衣服，
袍、泽和裳，
在当时都是贴身的内衣，
连这样私人的都能互用，
除了说明从军的贫寒，
可见战友间的深厚感情和慷慨。

亵衣

亵衣是古人对贴身内衣的总称，在汉代内衣的名称很多，如绁袢和汗衫。汗衫名字来源和汉高祖刘邦有关，据说刘邦与楚交战，后回到帐中，汗水湿透内衣，刘邦便将其称为汗衫。汗衫多为素纱或细葛布制成，取其吸汗，材料除丝、麻、葛、棉外，还有用细竹切成小段穿缀而成的汗衫，这种汗衫非常透气和凉快，多为对襟，衣袖可有可无，衣长至腰。魏晋时候内衣名为心衣，菱形状，上端裁平，前片以布条勾肩至背，与横裆固定，背后是裸露的。后来内衣外穿，其形象可在《北齐校书图》中看到。元代内衣很特别，内衣两端缝有四条带子，穿时衣身覆盖前胸，两边折向背后用带子固定。明清内衣称兜肚，形状与心衣类同，因内衣是非正式的服装，历代人们多不愿言于口。

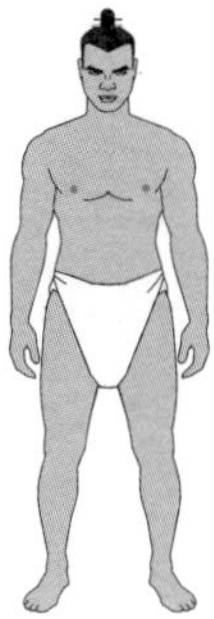

内裤

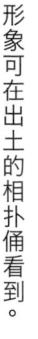

现今的人很难想象在古代中国讲求守礼的环境下，男人很长时间是不穿内裤的。开始时只是穿裳做蔽体，所以坐姿非常讲究，否则春光乍泄。后来引入北方游牧民族的裤，中原人才开始穿合裆裤。古时富贵子弟所穿的内裤为长裤，穿在袍内，一般情况是看不见的，而且是贴身之物，人们多不提及。

贩夫走卒穿的内裤为短式内裤，形似当代三角形内裤，故称犊鼻裈，因为穷困，他们也只能把内裤做外裤穿，形象可在出土的相扑俑看到。

宗教服

佛

原始佛教僧人只能拥有三件衣服，分别是九条衣、七条衣和五条衣，即用九条、七条和五条布条拼成的衣服，把布断成条状象征隔断对尘世的贪恋。佛教自东汉从印度传入中国后，渐渐汉化，露出臂膀的印度款式被认为与中国礼教不合，于是便在僧服加上袖子。

法衣　佛教法衣是袈裟，像方形大床单，左肩处缀玉环和金钩，做扣搭之用。袈裟原意是不正之色，故不能用明亮的色彩，但自从元朝皇帝赏赐黄袈裟后，袈裟就以亮丽的黄色为尊，沿用至今。

常服　僧人的常服是短褂、中褂和长褂。短褂又称小褂，属内衣，中式立领，有四贴兜，长至腰部。中褂又称罗汉褂，与小褂形式相同，但长至膝盖。

小褂和中褂都是常服，一般与中式裤相配，裤腿用脚带扎紧。长褂又称长衫，仿古代袍衫而成。僧人常服特点是在钭襟领上割截成小块，或将旧衣服的一小块缝在新衣服上，象征抛弃对尘世华美事物的贪恋。

道

道教是中国本土宗教，服饰源于中国古代汉服。

道教和佛教的最大不同是发型，蓄发是道教外表的一大特征，

道士皈依教门后就一生不会剃发，蓄发挽髻体现了中国古代的儒家观念。

法衣　道教的法衣是披风，对襟大袖，衣襟用长带系结。最尊贵的披风叫鹤氅，没有袖子，呈长方形，披搭在肩上。鹤与道教有密切关系，随着道教兴起，鹤也日渐被神化，所以在最尊贵的鹤氅上，常见绣有鹤的纹样。

常服　道教的常服是道袍，有对襟和大襟，两袖宽博，衣长至膝，以麻为主，颜色有黑、灰、褐、青、白等，但以黑白最有道教特色。夏季道袍多为双层，冬季道袍则纳以棉絮。

军服

古代

春秋以前战争以步兵为主，
将军身披皮甲，
皮甲只有前幅，没有后幅，
内穿上衣下裳。
士兵的军服更为简陋，上衣更短，
没有皮甲的保护。
秦朝拥有一支威武的军队，
他们带着战车和兵器，
将军披着身甲、披膊和前裆，
保护面积大大加强。
披膊和身甲的上半部用整块皮制成，

周

春秋

秦

汉

身甲下半部用皮甲片编缀，
肩和腰用红色结带系住，
甲还有布帛包边，身穿絮棉袍和小口裤，
脚踏木履。步兵则披身甲和披膊，
没有前裆，甲都是由方形皮块编缀，
身甲甲片是固定的，披膊甲片是活动的，
甲片用带连接，甲表面涂有保护用的红漆。
汉朝时甲的物料有新发展，
铁甲取代皮甲，
虽然形制还沿用秦制，
但身甲甲片改为长条形编缀，
前裆甲片改为鱼鳞形，
甲表面涂上防锈的黑漆，故称玄甲。

魏晋

唐

宋

元

中世纪

南北朝流行裲裆甲和明光甲，
裲裆甲由胸甲、背甲和腿裙组成，
胸甲和背甲两侧并不相连，背甲上有两条带披挂肩上，
由胸甲的带扣上系束，甲由铁甲片编缀，
也有用整块皮制成，腿裙则是皮制的。
明光甲防护面更大，包括胸甲、披膊、前裆和腿甲，
特点在胸和背部有金属圆护镜，护镜在战场上反射阳光，
使敌方无法正视自己，达到威吓的作用。
到盛唐时候，天下太平，明光甲制作越来越精美华丽，
还有在肩上增加兽头，虽说是用来防御刀斧等攻击武器，
其实慢慢脱离实用需要，成为美观豪华的礼仪服。

宋朝出现了更坚硬的钢铁甲，
美观豪华的宋甲胄是名副其实的重装，
此时装备重量可达四十公斤，大大影响了机动性。
元朝成吉思汗的蒙古兵能东征西讨全靠骑兵，
作战时每人配战马数匹，
用于昼夜驰骋时轮流坐骑，除身穿精良甲胄外，
还配有火器，成为当时世界上最强悍的军队。
元朝从西方学习得来一种锁子甲，
由多个铁环互相系扣而成，
披在身上轻便和活动自如，很适合骑兵的机动性。
随着火器越来越发达，布甲成为新的防御装备，
布甲以棉做表，内缀铁甲片，
表面钉甲泡，防御火器攻击有很好效果。

近代

明代进一步发展锁子甲和布面甲，锁子甲包括前甲、背甲、甲袖、腿裙和卫足，都是由锁子甲片编缀成，由于重量轻，柔性好，被认为是冷兵器时期最好的甲。明代布面甲由侧襟改成对襟，并增加了腿裙，轻巧而利于水战。清军以八旗骑兵最精锐，他们身穿轻便布面甲，甲以棉絮和绸缎制成，表面钉甲泡，中间絮棉，内有铁甲片，具有很好的防御火器攻击能力。火器再进一步发展，布面甲最终失去防御能力，甲胄纯粹成了象征性的装饰，阅兵典礼才使用。十八世纪时外国军队开始脱去沉重的甲胄，换上轻便的军装，此时清政府亦废除甲胄，军队作战只穿戎服，戎服是马蹄袖长袍，外罩钉甲泡马褂，头戴笠帽。

现代

进入二十世纪，列阵厮杀的作战方式被淘汰，飞机、大炮、
坦克成为新式武器，以往的军服设计以防御攻击为主，
现代的军服设计则以隐藏为目的。
驻印度英军首先穿起卡其色土布军服，
在野战有很好的隐藏效果，
第二次世界大战结束时差不多所有国家都穿起卡其军服。
二战时中国工业处于落后状态，军队装备依赖进口，
初时军服为德国式蓝灰色，之后也采用了卡其色军服，
随着科技发展，光学侦察器材出现，隐藏需求更高，
二战末期德国纳粹军采用了迷彩军服，
后来为世界通用。

周

青铜甲

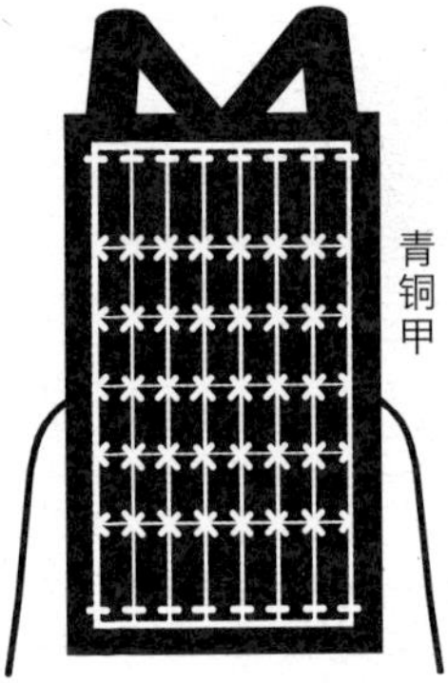

青铜甲

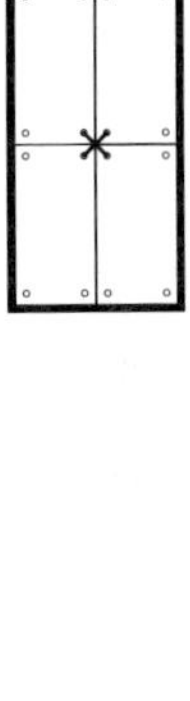

甲片

春秋
漆皮甲

秦
单片皮甲

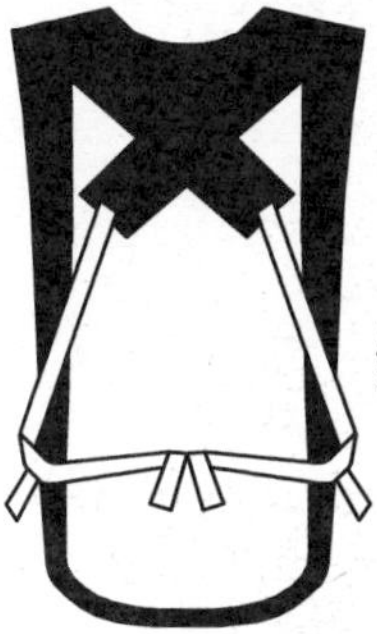
皮甲

铆钉甲片

秦

侧襟皮甲

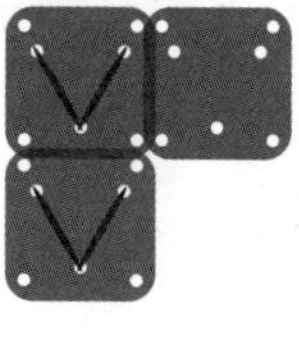

汉 筒袖甲

筒袖铁甲

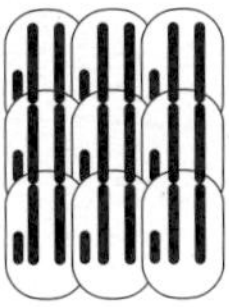

鱼鳞甲片

汉 金银饰铁甲

金银饰铁甲

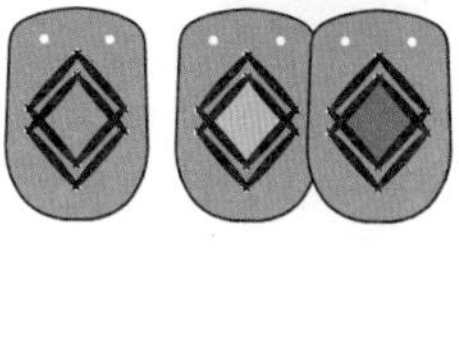

金银饰甲片

魏晋

裲裆甲

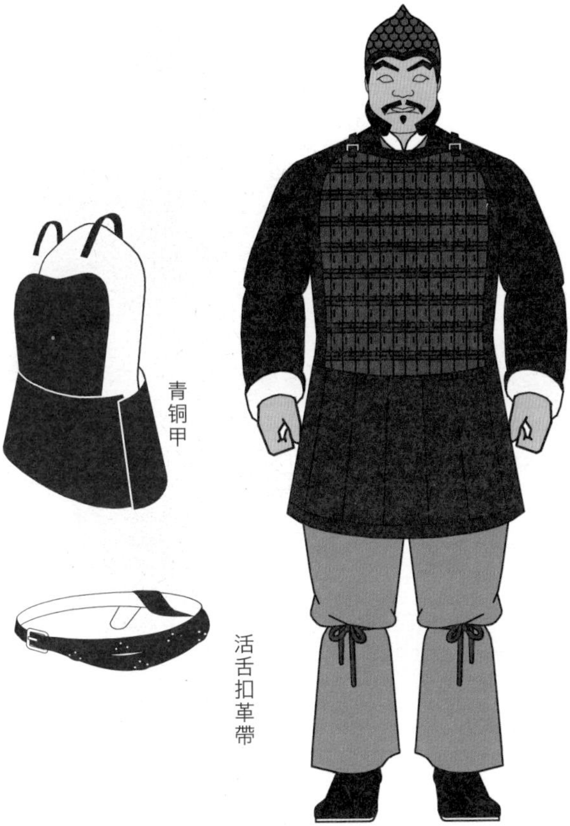

魏晋

明光甲

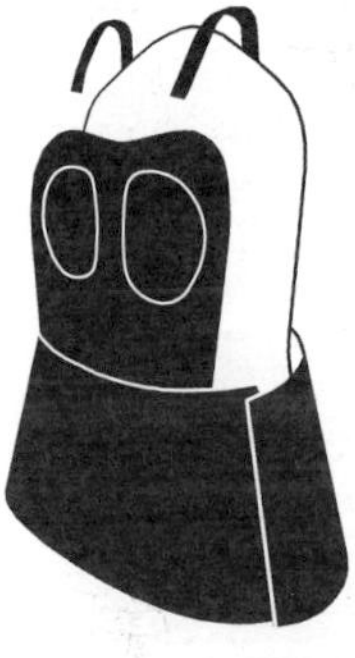
明光甲

披膊

唐 绢甲

兜鍪

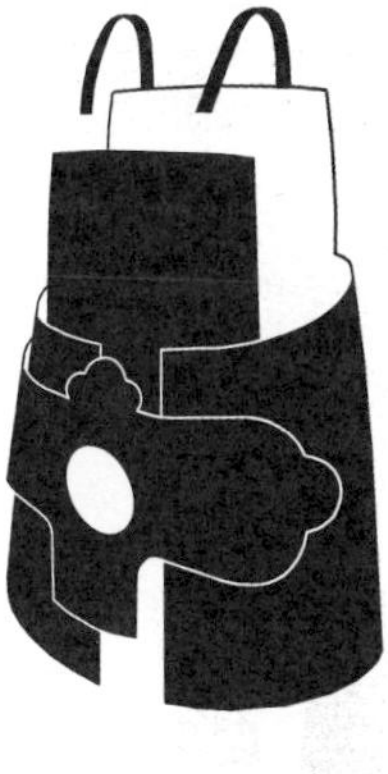

护镜绢甲

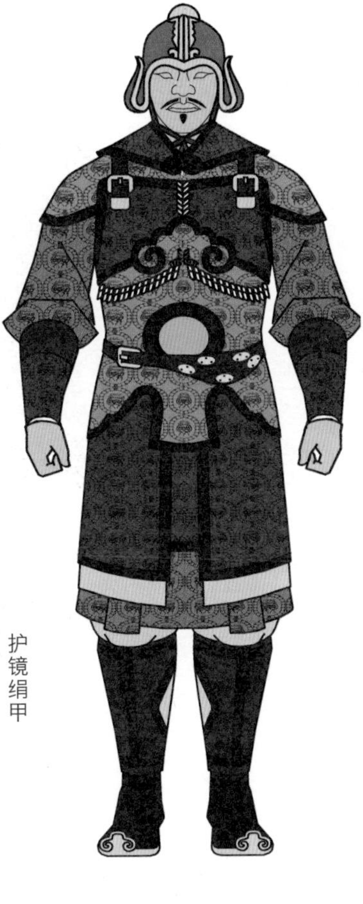

唐

山文甲

护肩

山文甲

宋

山文甲

凤翅兜鍪

漆甲

元 铁网漆皮甲

铁面胄

漆皮甲

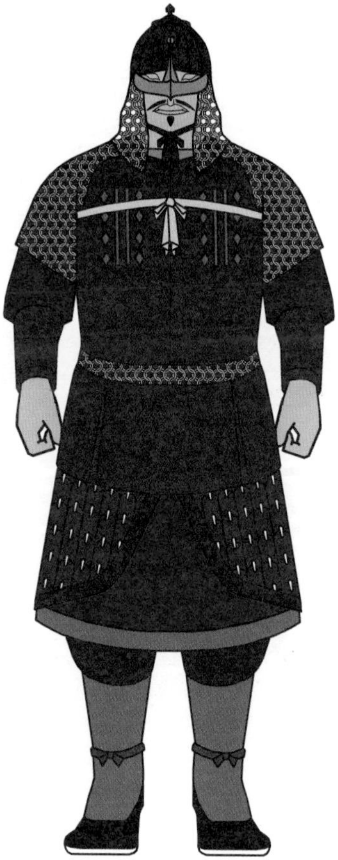

明
锁子甲

清 布面甲

泡甲

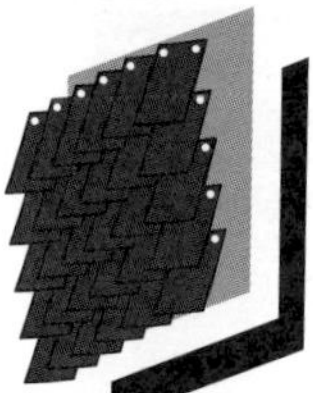

二次大战灰色野战服

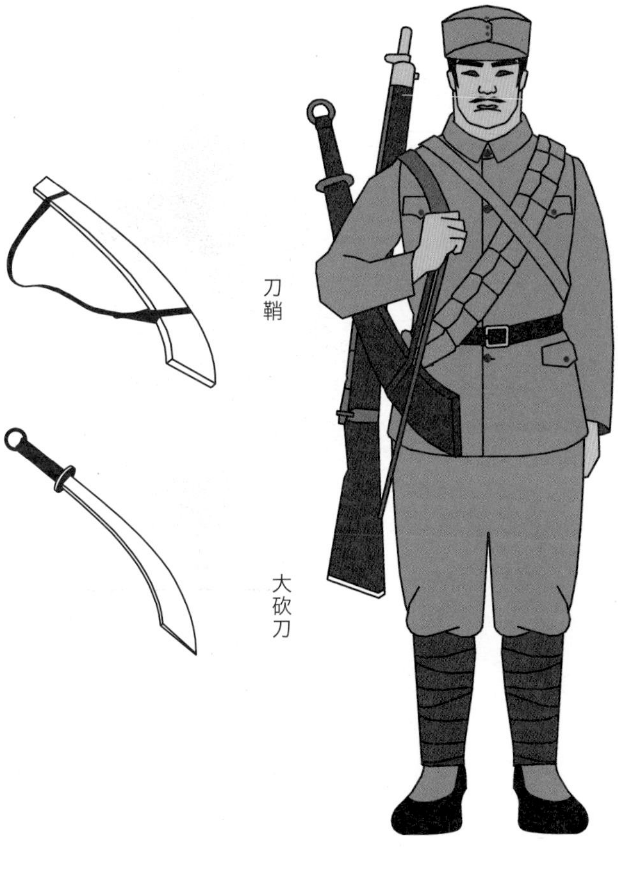

现代迷彩战服

步枪

头盔

12

首服

冠

贵族

冠是套在发髻上的发罩，是身份地位的象征，士人以上阶层才可戴冠，冠成了用来区别于平民百姓的服饰。古人把戴冠看成是一种礼，应戴冠时不戴冠是非礼，因此古代男子二十岁行完冠礼之后，象征成人，从此一生都不离冠。冠的制度在周代已形成，到了汉代更趋完善，其戴冠方法很特别，先戴上巾把头发束好，再把冠戴在巾上面。固定在头上的方法有两种，一是用发簪，二是用缨带系结。通过冠帽就能区分等级别，如皇帝戴冕冠，文官戴进贤冠，武官戴笼冠，乐舞之人戴方山冠，执法之人戴獬豸冠等。还规定配戴场合：冕冠、长冠、委貌冠是皇帝、公侯、卿大夫祭祀时戴的，通天冠、远游冠、高山冠是上朝时戴的，汉代以后各朝代又发展了很多款式，如翼善冠、忠靖冠等。

冕冠　皇帝祭祀时所戴，是一个圆筒形，上覆盖一块前圆后方的木板，代表天圆地方；板上涂青黑色，板下涂红黄色，代表天玄地黄；用五彩丝线串连五色彩玉，组成冕板前垂下的旒；还有用丝绵或玉做成的球饰垂挂在耳边，叫作充耳，象征君王不能听信谗言；冕冠戴在头上要前低后高，表示君王对百姓的关怀。

进贤冠　中国服饰中最影响深远的款式，是上至公侯下至小吏都戴的冠。进贤冠缀有直梁，梁是冠上的竖脊，梁的数目用来区分身份高低，三品以上有三梁，四至五品有两梁，六至九品只有一梁，冠是前高后低，前柱倾斜，后柱垂直，从汉代一直沿用到宋。

通天冠　等级仅次于冕冠，其形制是从进贤冠基础上发展而来的，以铁丝为梁，外包上细绢，梁的数目区分地位高低，历代沿用至明朝。

却敌冠

委貌冠

武官

獬豸冠

皮弁

梁冠

远游冠

长冠

漆纱笼冠

巾

平民

汉代之前士以上才可戴冠，平民则用巾包头，到了魏晋社会动荡，统治者和读书人都不拘礼法，认为戴冠累赘，包头巾更觉轻松儒雅，一时间改变了巾只属于低下阶层装束的想法，成为时尚。早期的巾称帻，原本只是一块软方巾，用时随意包裹，后来为了方便包扎，特意裁出四脚，并将四脚接长，形成宽带，裹头时将巾覆盖在头顶，后面两脚向前包抄，自下而上，于额前系结，前面两脚则包过前额，绕至脑后，缚结下垂，形似两条飘带，再往后更演变成预先折叠好如帽状的角巾，角巾涂了漆再发展成帽状的幞头。历代头巾款式多样，从布料来分，有缣巾和葛巾，缣巾是贵族用的，用细绢制成，葛巾是平民用的，用蔓草茎纤维制成。平民的头巾由始至终都是生活上的汗巾，现今陕北一带还可看到农民用白手巾包头的形象，简朴而粗放。

四方平定巾

东坡巾

网巾

对角方巾

儒巾

角巾

飘飘巾

漆纱方巾

幅巾

幞头

官吏

唐代男子主要的首服是幞头，因为觉得幞头过于柔软，效果不太美观，因此在幞头内增加一个垫物，有用木制，也有用竹编成，漆成黑色。为了再坚固一点，人们再在幞头上涂漆，显得硬挺好看。后来人们发现漆纱本身就很坚固，于是废弃垫物，只穿戴漆纱幞头。漆纱幞头顶部分两层，前低后高，低部分紧贴前额，高部分为装饰，而本来起系束作用的四脚已无需要，于是头顶两脚变成结状做装饰，后两脚以铁统、竹篾等硬材料为骨架，外蒙漆纱，形成硬脚。宋代幞头已经完全脱离了巾的形式，成为一种不折不扣的帽子，硬脚在宋元时，有各种变化样式。不同身份使用不同的幞头，如帝王官宦多用直脚幞头，吏人戴圆顶软脚幞头，仆从公差或身份低下的乐人用曲脚和交脚幞头。明代官帽称乌纱帽，同样采用幞头形式，只是制作上不同，以铁统编成框架，外蒙乌纱，左右各插一个帽翅。

幞头

武家诸王样幞头

英王踣样幞头

交脚幞头

曲脚幞头

朝天幞头

乌纱折上巾

乌纱帽

弯脚乌纱帽

帽

遊牧民族

唐帽是北方游牧民族的首服，目的是御寒，汉人通常不戴帽，三国时期帽才传入中原。早期的帽多为厚实物料制作，并不适合中原潮湿而炎热的天气，魏晋期间有一种用纱制作的帽子，轻薄透气，称为纱帽，上至天子下至百姓都喜欢戴。纱帽有白黑二色，贵族黑白二色都能用，庶民只许用黑色，形状方面非常丰富，有圆的、方的、高筒的、卷状的。宋代流行戴风帽，风帽在帽后及两侧有帽裙垂下，兜住双耳和遮盖肩背。明代帽式就更多，最有代表性是乌纱帽和瓜皮帽，瓜皮帽是明代的新款式，广受老百姓欢迎，全国通行，又称六合一统帽，名字带有强烈的政治象征意义。清代朝帽有两种，夏季戴的叫凉帽，冬季戴的叫暖帽。凉帽如斗笠，用草编织，外裹绫罗；暖帽呈圆形，有朝上翻卷的檐边，帽顶有红纬和顶珠做装饰，还有向后垂拖着孔雀尾的翎羽，顶珠和翎羽都是用来区分身份等级，翎羽有像眼睛的纹样，单眼、双眼、三眼之分，以三眼为最高级。

尖顶帽

风帽

后檐帽

四楞瓦帽

毛皮帽

暖帽

笠

农民

早在商周斗笠便是农民的雨具，
常以竹篾或草编成，挡风遮雨遮太阳。
斗笠尖顶宽檐，戴在头上可把脸部遮盖，可避人耳目。
头戴斗笠，身穿披风，脚踏草鞋，就是典形的侠士形象。
明代曾有斗笠禁令，规定农民才可戴斗笠，其他人一律禁用，
后来一次皇帝巡视，见众官员站在烈日之下，
才产生惜才之情，解除禁令。日后斗笠更发展
成士人礼帽，又名遮阳帽，清代夏季用的朝帽称凉帽，
就是从斗笠演变过来的。凉帽呈喇叭形，用草编织做胎，
外裹绫罗，有红缨，帽顶装有帽纬，帽纬中心有顶珠，
帽顶上向后垂拖着孔雀尾的翎羽。

凉帽

无顶斗笠

斗笠

13

足衣

先民的鞋

远古先民为了保护脚板以免冻伤和割裂，用锋利的石把兽皮切割成小块，包扎在脚上，这就是原始的裹足的鞋。后来学会简单的缝制，骨为针，动物韧带为线，按脚形缝合兽皮，制作出底帮不分的鞋。再后来认识到鞋帮和鞋底的功能不同，开始了鞋帮和鞋底分开裁制，选用较柔软的皮做鞋帮，用耐磨的硬皮做鞋底，用羊毛搓成的幼绳缝合，这样容易磨损的鞋底就能便于替换，现代鞋雏形从此产生。生活在潮湿和炎热南方的先民，无须穿毛皮鞋抵抗寒冷，他们利用木材和植物叶茎制成木板鞋，在木板上制作孔洞，用叶茎搓成的绳穿孔然后固定在脚上。另有先民用芦草、葛或麻等植物制作草鞋，首先从茎皮取出纤维，搓成线绳，再编织成鞋底，在鞋底四周留出环扣，穿绳把鞋底固定在脚上。

丝履

上朝去

在古代履是鞋的统称，直到隋唐，鞋才取代履成为各式鞋类的统称，一直沿用至今。在古代无论是葛履、麻履、革履或丝履，只要用丝帛装饰局部或全部，都一律称为丝履。只有贵族才用丝帛来装饰他们的履，更富贵的人会穿纯粹用丝绳编织成的全丝履。古代的履，一般都是单层薄底，到了魏晋时期才出现厚底履。另外有一种也用丝帛装饰的鞋，它不叫履，它名为舄，是商周祭祀所穿的礼鞋，舄和履最大分别是舄是双层底，而履是单层底，舄底上层为皮或布，下层为木，而且木底特厚。舄作为祭祀鞋，需在户外穿着，行走在雨水或泥地上，厚木可免弄湿鞋底。舄和履名字虽然不同，但其设计特色同样是鞋头向上翘。

方头履

花头履

舄

圆头履

笏头履

翘头履

歧头履

皮靴

在马上

靴是北方游牧民族的高筒鞋，既可保暖，又可减少在骑马时小腿与马身的摩擦。最初靴是皮革制成，平民用坚硬的生皮，贵族用鞣制处理过的熟皮。春秋战国赵武灵王推动胡服骑射，引进了靴，初时只是军中穿用，后来普及平民百姓。

直至隋代靴正式为朝廷采用，以六块黑皮缝合而成，取名六合靴，代表东西南北、天和地。

唐代一般场合百官都穿靴，靴筒可高达膝盖，后来为了上朝更方便，改为低筒靴。到了明代，靴作为公服专用，庶民禁穿，并一律染成黑色，称为皂靴。清代仍用靴，但皮靴已变为布制的靴了。

翘头靴

粉底皂靴

长筒靴

六合靴

帛靴

无筒布靴

木屐

雨雪中

屐是古代外出远行的鞋，底部有齿，齿多为木造，木齿鞋底耐磨，坏了又可更换，因为有齿，鞋底接触地面少，更适合雨中行走，孔子周游列国，四出游说，穿的就是木屐。魏晋时期木屐最为盛行，此时木屐不仅用于远行，还用于家居，士大夫穿木屐是一种自我解脱的意味，南朝大诗人谢灵运发明的木屐，又名谢公屐，齿可随意拆装，上山时拆除前齿，下山时拆除后齿，这样上山下山都如履平地。唐代流行穿靴，不穿屐，此时屐传播到日本，为日本人普遍采用，致令很多人误以为木屐源于日本，其实来自中国。宋代南方一带依旧穿屐，因为南方温暖多雨，穿木屐便于下雨时在泥地中行走，为了使木屐避免水的侵害，人们还会在木屐上涂蜡液作为保护，称为蜡屐。明清时期木屐演变成无齿，称为泥屐，形状接近现代的拖鞋。

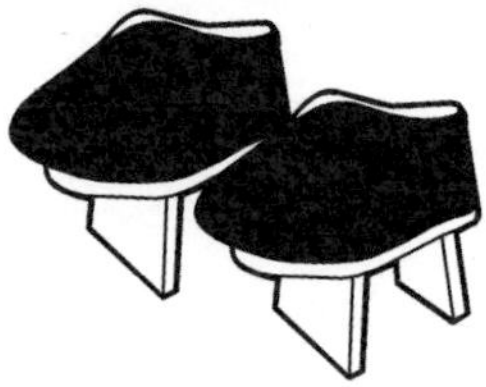

双齿木屐鞋

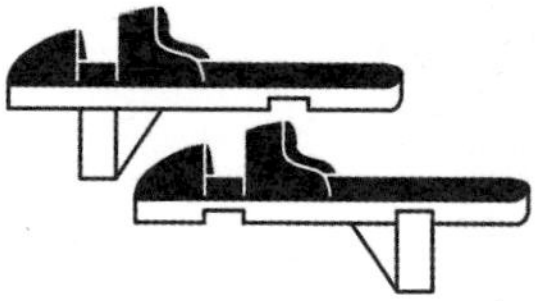

谢公屐

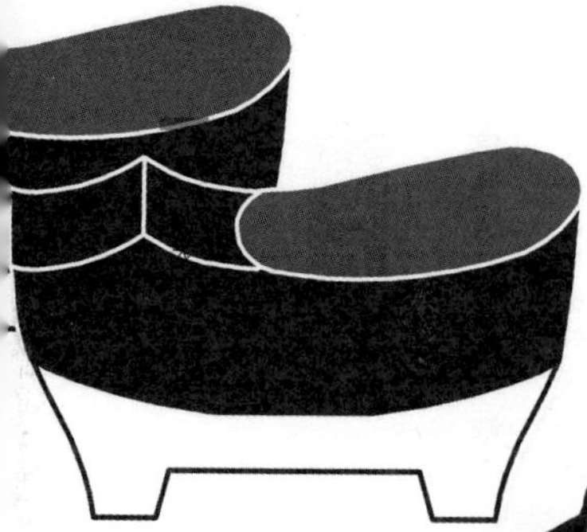

双齿木屐鞋

双齿木屐

平底木屐鞋

木底套鞋

草鞋

远行去

草鞋是古代旅行鞋，一般用草、葛或麻制成，
虽不如皮鞋结实耐用，但胜在轻便凉快，
制作简便，而且就地取材，普遍被劳动者使用。
制作草鞋先从茎取出纤维，搓成线绳，用绳为经，草索为纬，
编成脚底形，前头、两边及后跟用绳带串起即可，
一面穿旧了反底再穿，几天穿一双，也有不穿绳的款式，
直接用草编成鞋帮，还有用棕丝制成的草鞋，
具有良好防水功能。魏晋时期士大夫穿草鞋是对官场黑暗的背离。
唐代盛行穿草鞋，高僧玄奘就是穿草鞋去取西经的，
现西安大雁塔的石刻上还可看到他穿草鞋的形象。
在古代草鞋还是丧服的部分，服丧者必须穿草鞋。

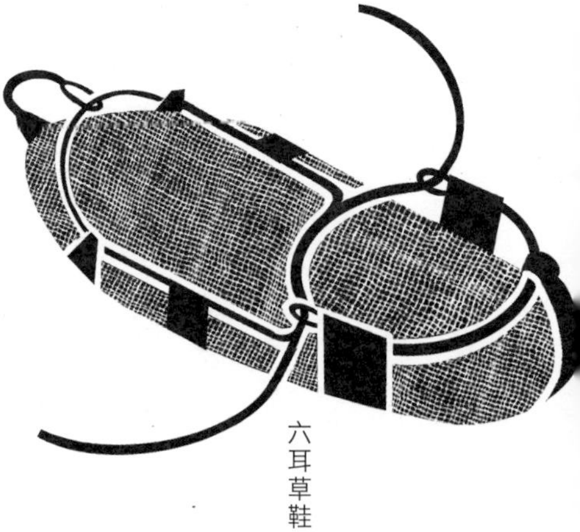

六耳草鞋

无跟草鞋

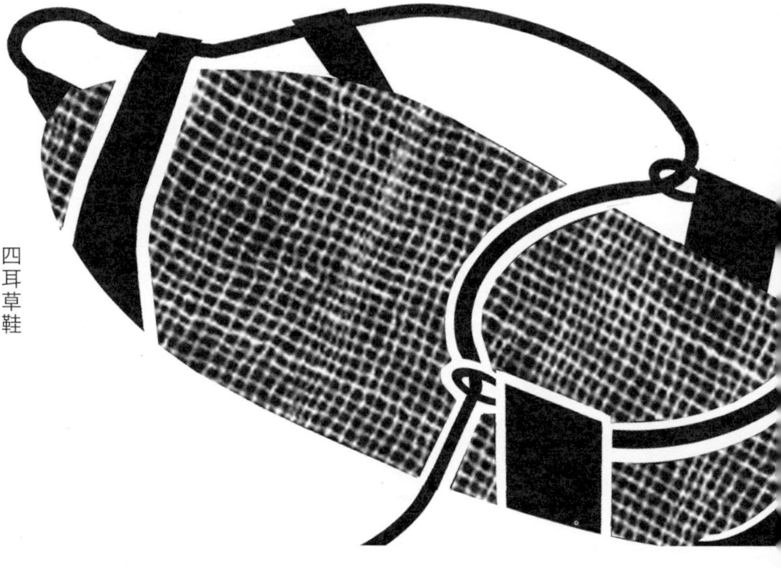

四耳草鞋

布鞋

出门去

到了隋唐，鞋取代了履成为鞋的统称。
清代流行穿黑色双梁鞋，梁是指用皮制的鞋头装饰，
款式有单梁、双梁、三梁多种，
梁的设计更可增加鞋的耐牢度。
民国则流行穿千层底布鞋，用密麻的针线缝缀，
一层层叠起来的鞋垫，体现着那个时代百姓生活的乐趣，
远不同今天工业时代的节奏。
繁冗的手工在那个时代是十分正常和可爱的创造，
外观上体现美丽，内在包含着情感。
新中国则流行帆布鞋，白色帆布鞋或军绿色帆布鞋，
是那一代人的集体记忆。

双梁鞋

千层底布鞋

帆布鞋

袜子

足衣

袜子，古代称为足衣，最初是用皮革制的，因此袜古字为靺。
袜由夏代的三角形不断发展，到三国时期已是脚形了，
与现在的袜形非常相似。袜的长度有高筒、中筒与低筒之分，
高筒和中筒在顶部都附有绑带。袜也有季节之分，
春秋多为布袜，以棉制成，
冬天则穿羊绒制成的毡袜或絮棉的布袜。
宋代贵族男子还穿起锦袜，不过在一般人心中，
将锦穿在足下实在太过奢侈了。还有孖趾袜，
很多人都以为是源于日本，这是误解，
孖趾袜源于中国隋唐时期江浙一带，
民间为了配合穿屐需要，就创造了孖趾袜。

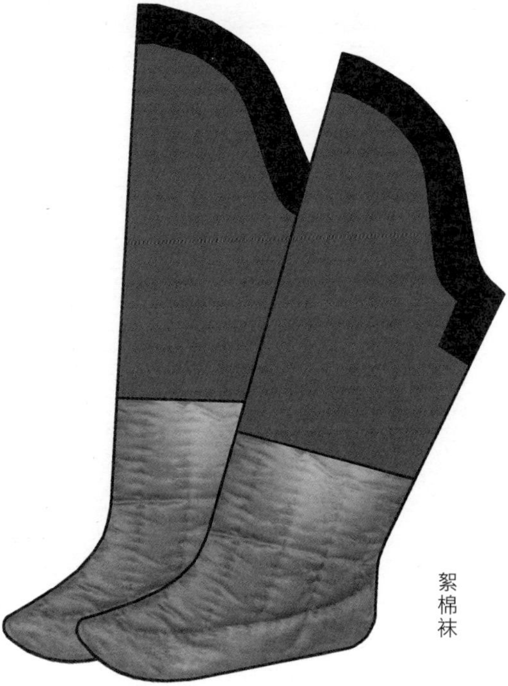

絮棉袜

锦袜

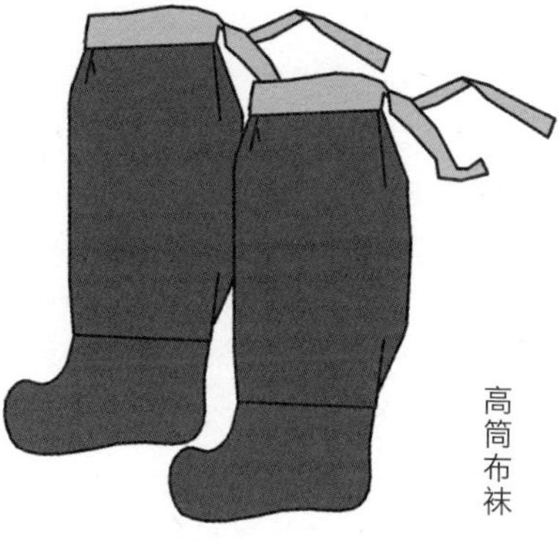

高筒布袜

14

配饰

头饰

发簪

发簪在先秦时期称为笄，
战国以后才叫簪，
男子用发簪有两个主要用途，
一是用来固发，
为的是防止发髻松散；
二是用来系冠，
用时将发簪穿过冠的两侧小孔，
使冠固定在发髻上。

耳饰

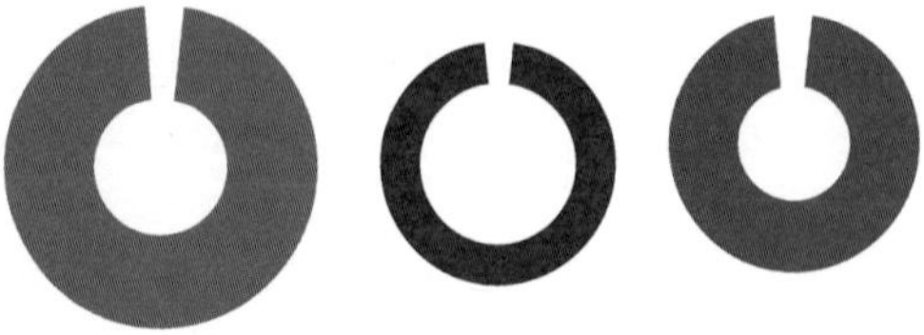

充耳和玦

古代男子耳饰中最早出现的是充耳，充耳有二种，第一种是在冠帽左右两侧垂挂至耳孔之处，表示为人臣只服从于王命，不听任何不利国君的声音；第二种是在葬礼时用的，塞在死者的耳孔上，可见古时对耳饰的用途不仅在装饰上，而是寄托更多文化内容。

除充耳外另有一种耳饰叫玦，是一种开口的环形玉，圆形，中心有孔，距今已有七千年历史。还有一种是北方少数民族戴的耳环，辽、西夏、金、元时期十分流行。

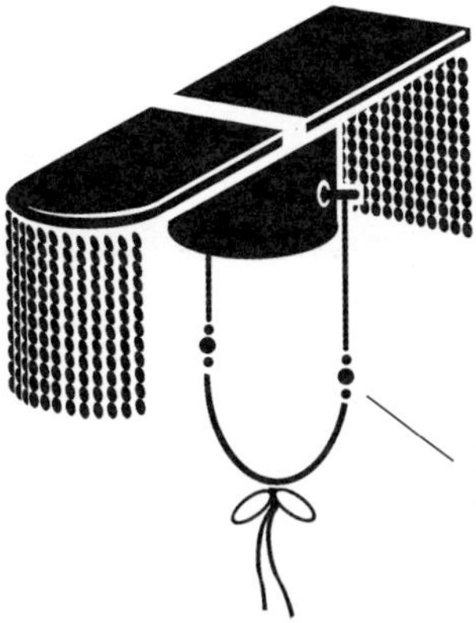

颈饰

朝珠

作为颈饰，远古先民的首选材料是贝壳，对于远离海洋的先民，贝壳是非常珍贵难得的，除了贝壳之外，先民也会选用兽齿、鱼骨、硬果壳。直至商周时期，玉开始流行，制成管状、珠形等，串成颈链。除了颈链，颈圈也是古代颈饰的一种，通常以金或银制造而成，也有在颈圈上嵌以珠宝，现今还有部分少数民族男子配戴颈圈。

还有一种颈饰是朝珠，是从佛珠演变而来的，清代皇帝、四品武官以上及五品文官以上在内廷都要配戴，朝珠用一百零八颗珠串成，上下左右分成四份，每份中间串一颗大珠，用珠的质料来区分等级。

手饰

玉扳指

历代制造指环材料多样，主要有骨、石、金、银和玉等，玉制指环中有一种叫玉扳指，是从北方少数民族骑射用的玉指环演变而来，套在大拇指上，用作保护拇指。

腰饰

玉佩

在中国几千年的传统文化中，人们十分重视玉，古人视美石为玉，一切美丽的石都可称为玉，和现今玉的概念不大相同。在古代，君子无故玉不离身，玉簪、玉项链、玉扳指、玉腰带、玉组佩等，同样有象征吉祥，求福避祸之意。在古文中，玉字并没有一点，和帝王的王共用一个字，玉能代表天地四方，通过它便能沟通天地。

佩是戴在身上的玉饰，绶是悬挂玉的丝带，
佩绶是用来区别身份地位的服饰，自汉代一直沿用至明代，
清代改为用顶戴制度。悬挂在腰下的佩有单个或组合形式，
组佩的大小结构是根据身份而定的。
组佩在商周至两汉时期非常流行，是贵族必戴之物，
戴组佩的目的就是要限制步伐，缓慢步伐才不会使玉乱撞，
防止发出不和谐的声音。汉代以后组合形式的玉佩渐渐被废用，
而单个的玉佩则一直流行，历代沿用。

带扣

带钩

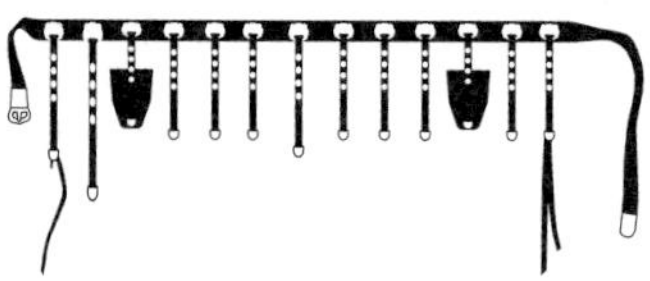
蹀躞带

腰带

布带 汉人用布带束衣，布带古称大带，是用丝帛制成的软带，不能用作悬挂随身物。大带束系方式是由后向前，在腰前系结，多余部分在前面垂下，这下垂部分称绅，绅越长地位越高，成了古代尊贵的象征，现代人说的绅士风度就是源于此。

革带 游牧民族束衣及悬挂随身物品用革带，质地厚实，利用带钩或带扣系结，革带钉缀有饰牌，多以金或玉制成镂空纹，非常华美。魏晋时称这种带为金镂带，在此基础又发展出蹀躞带，蹀躞带在牌饰下端连着铰链或皮条，用来系刀、剑、皮囊等杂物，是北方游牧民族特有的腰带，魏晋传入中原后，为汉人接受。从唐代起革带又有新发展，革带常以丝帛包裹，皮革露外已少见。

香熏球

唐代男子喜熏衣，熏衣工具是香熏球，
香熏球制作精美，球身透空饰有花纹，
造型分上下两个半球，以便开关，
上半球顶部有环纽，系银链用，
下半球内有焚香的金盂。
香熏球有持平装置，与现代陀螺原理相同，
当香熏球摆动旋转，香灰也不会溅出。

荷包

古代衣服不设口袋，
外出时男子会
配带一个小型袋，
用来盛放零星细物如手巾、
印章和钥匙等。
元明清时期称这种
小袋为荷包，
多为丝织物，
表面有彩绣，
圆形、方形及葫芦形都有，
造型多样。

眼镜套

方些穿着趁时新，
摇摆街头作态频，
眼镜戴来装近视，
教人知是读书人。
——《都门杂咏》清杨静亭

可见戴眼镜是当时的流行时尚，
眼镜在明代自海外传入中国，
清初开始普及，眼镜套也在此时兴起，
而且造工精美华丽，
是清代文人戴在腰上显示身份的标志。

扇套

折扇是文人雅士和达官贵人彰显身份的饰物，扇套绣工精致，挂在腰前做装饰，成为时尚，文人雅士互赠题了诗词和作画的折扇，表达友情，手持折扇更是生活中高雅的象征。折扇源自日本，明朝永乐年间，作为贡品传入中国，在清代全面流行，久盛不衰，名士风流才子都与折扇有着密切的关系。

15 过去

死亡之美

史前的中国

约一百七十万年前至公元前二十一世纪

历史从来都不是伴着优雅而来，
茹毛饮血的时代，远古先民头等大事就是求生存，
每天都面对死亡才能猎取食物。
他们利用兽齿、鱼骨、骨管等，
用动物韧带或葛藤为线，串成饰物装饰身体，
而获取的动物骨代表着胜利和英勇。
尽管茹毛饮血的时代已远离我们，
但文明的今天还藏着原始的审美，
当今流行的骷髅服装、兽齿饰物，
仍然为大家所喜爱，死亡之美，历久不衰。

权威之美

夏商周

约公元前二十一世纪至前二五六年

夏代的建立正式结束了身披树叶兽皮的原始社会。
到了商代，社会弥漫鬼神崇拜的气氛，
服饰作为礼制的一部分，敬天地祭鬼神。
经过夏商两代，周代创立了崭新的王权礼制，
社会秩序终于完成，服饰成为分贵贱别等级的工具。
周礼规范了各阶层服饰，不得逾越，其中以冕服为
最高等级，冕服绣有十二章纹，秩序严谨，显出其权威与霸气。
章纹制度在唐代东传日本，日本人以其强大的简化
能力加以改良，设计出强而有力的日式章纹，
当代LV国际名牌的权威章纹设计灵感就源出于此。

十二章纹

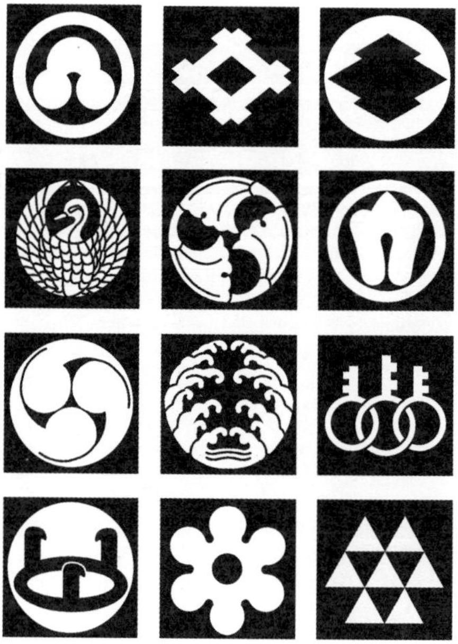

日式章纹

复古之美

秦 汉

公元前二二一年至公元二二零年

中国人崇古，具有厚古薄今的倾向，这种倾向不是中国特有，但中国人对这种倾向的坚定立场，是其他民族不能相比的。中国古代经典被视为神圣的、完美的，谁想做出修改都是愚蠢的行为，一切反对的声音就被看成是邪说，不可原谅。

春秋战国时期，礼崩乐坏，孔子主张复古周礼，努力游说，但不成功。秦始皇统一中国后，结束了分裂的局面，并重新创立衣冠礼制。到了汉代，机会终于来了，汉代实行休养生息，恢复生产，丝绸之路的开通，使中原和中亚、西亚文化得以交流，往返商队活跃，经济发达，在人民生活安稳下，主张复古周礼得以实行，于是在周礼的基础上发展出一套严谨的服制，以冠定服，从此中国人对复古的概念有了具体的表现。当代很多人误以为戴帽只是西方文化的产物，其实中国人戴帽文化更长，而且是中国服饰文化中非常重要的一部分，代表着中国传统经典。

颓废之美

魏晋

公元二二零年至四二零年

魏晋在中国历史上是一个痛苦的年代，在长期战乱和动荡的背景下，民族大迁徙，促使胡汉杂居，南北交流，不同文化互相碰撞，使这时期的服饰出现了新的面貌。魏晋时期流行吸食五石散，像西方嬉皮士吸食大麻一样，放浪形骸，恣肆人生的态度，汉代儒学独尊的文化模式崩解，取而代之是来自西方的佛教和本土道教的盛行，玄学成为新时尚。竹林七贤是魏晋七名士，他们因崇尚虚无，任情不羁而享负盛名，他们穿的不是西汉以前的深衣，也不是东汉以后的袍子，而是一种简约宽松的衫子。他们衫领敞开，袒露胸怀，赤脚散发，有的梳丫角髻，有的包巾子。竹林七贤做这种颓废的打扮，目的是表现他们敢于突破传统礼教的束缚，勇于作一个特立独行的人，寻找超越世俗之美。

异国之美

唐

公元六一八年至九零七年

唐代是中国封建社会最鼎盛的时期，是当时世界时尚之都，东西文化交流中心，外国使者来朝，交流频繁。在首都长安，不同种族的人随处可见，唐人又喜爱吸纳外来文化，好胡服、胡乐、胡食、胡床等，视为时尚，因此唐代服饰带着浓厚世界主义色彩，同时中国文化也传播到世界各地。日本与朝鲜服饰就深受唐代影响，唐锦色彩饱满，对比强烈，一件丝织品使用的色彩可多达八种，还能做到晕色渐变效果，纹样题材丰富，融入外来文化和佛教艺术，张扬自信，有大国之风范。其实时尚就是对异国文化的倾慕与好奇，不同文化的混融，时而崇拜，时而排斥，在欲拒还迎与眉来眼去中散发出魅力。

禁欲之美

宋

公元九六零年至一二七九年

在存天理、灭人欲的程朱理学支配下，服装美学观念亦变得含蓄淡泊，正是这种气氛下，宋代得以产生了与唐代完全不同的服饰风尚。

宋代多用间色，讲求淡雅、调和、沉稳和秀气，不再镶金错银，雕琢浮艳，换来是含蓄的造型，平易隽永的韵味。

宋代官服沿用了唐代的圆领襕衫，但袖口变得非常宽大。

最有趣的是宋代幞头，两脚已发展成平直向外伸展，据说是为避免当时百官上朝喜欢交头接耳谈私事，可说用心良苦。

从宋代起中国古老漫长的席地而坐彻底改变，完全进入了垂足而坐的新时代，这改变大大影响了裤子的改革，合裆裤作为外衣全面流行，衣服也开始有纽扣的使用。

浮夸之美

元

公元一二零六年至一三六八年

黑色、低调、朴素、经典，少即是多，这些有格调的形容词，
全都不是元代那杯茶，元代由北方游牧民族统治汉族，
他们爽直、粗犷、浮夸，崇尚金色。
最浮夸的元代官方丝织品是织金锦，原产波斯，
是以金箔切成的金片做纬线织花，使织物呈现金属光泽。
织物加金并不是从元代开始，但迅速发展却在元代，
虽然浮夸俗气，元人并不介意，再加上一头髡发，
活脱脱是个朋克青年，或一身时尚的嘻哈街头小子，
颈上挂着粗大的金链，头上顶着朋克的发型，
再配上惊吓的金色假牙，将浮夸进行到底，俗出个性格来。

乡土之美

明

公元一三六八年至一六四四年

明代工艺集历代大成，是中国古代织染业的巅峰，
明代官服虽然华丽，制作繁复，令人惊讶，
但论风格和审美情趣，却比不上民间流行的蓝印花布。
蓝印花布源于秦汉，多亏宋末元初的黄道婆对棉的推广，
才造就蓝印花布在明代民间的全面流行。
蓝印花布初时以靛蓝草为染料染制而成，
故又称靛蓝花布，俗称药斑布，
制作方法可大致分为夹缬、蜡染和扎染，
蓝印花布采用全棉，有别于织锦的富丽贵气，
恰如其分地呈现出乡间淳朴而幽雅的韵味。

繁缛之美

清

公元一六四四年至一九一一年

清人入主中原，汉民族被迫剃发垂辫，强行易服，满服成为中原主流，清代服饰的名字和细节，都与游牧民族的骑马文化有关，如马褂、马甲，还有箭袖和缺襟等。清代虽然大体上废除了明代服制，但仍保留了某些明代特点，如官员穿的朝服中的补子，虽然图案略有差异，文官绣禽、武官绣兽的概念还是相同的。随着传教士来华，带来繁杂装饰的洛可可风格，与清人风格交融，形成一种具有浓厚财气、媚气和工匠气的艳俗美，繁缛精细的工艺，艳丽愉悦的色彩，腐朽的金粉气，加上图必有意，意必吉祥，实在世俗难耐。清代艳丽媚俗的设计风格，虽然集历代工艺的大成，却失去艺术的境界。

混搭之美

民国

公元一九一二年至一九四九年

二十世纪之交，西服传入，形成了穿新的新局面。
在殖民地色彩浓郁的上海，随处可见一些留学归来的年轻人和外交官，
开始穿起代表文明的西装革履，崇洋风气迅速膨胀。
到了辛亥革命之后，中西混搭的穿着风气一发不可收拾，
有上身西装配下身绑腿裤，有的在长袍马褂内穿西裤，
也有穿长袍头戴西洋礼帽，形形色色的中西混搭，
完全颠覆了传统的审美标准。有人说是不伦不类，也有人说是入型入格，
确实好看，就像现今流行的混搭穿衣风格，西装褛配牛仔裤，
西裤衬运动鞋，礼帽配运动衣，有异曲同工之妙。混搭穿衣可贵之处，
是激荡了配搭的无尽可能，和流露着穿衣的自由空气。

破旧之美

新中国

一九四九年新中国成立，为了与封建主义和资本主义划清界线，原本穿惯西装革履和长袍马褂的企业家、文人学者都一律换上革命式服装，表明态度向无产阶级看齐，免得被打倒。革命式服装的理念是艰苦奋斗，以及集体精神，这理念又一次彻底颠覆了传统的审美标准，

当时全民的穿着都成了工农兵的样子。工农兵服装的特征是补丁，代表节俭与劳动，与光鲜和华丽的资产阶级划清界线，这样的外表很符合当时革命的标准。二十多年来强调工农兵的单调款式，把人的穿着个性都压抑下去，后来蓝色、绿色和灰色竟成了这个无产阶级时代的穿着记忆。

现代年轻人同样穿着补丁，不同的是现代补丁衣服多姿多彩，不再单调，而且名牌补丁绝不便宜，补丁对年轻人也是一种革命，但现代补丁革命不再需要节俭与劳动，而是需要消费能力。

16

现在

跟国际接轨

一个封闭已久的国门，一旦再次打开，
长久以来被禁锢的自我意识被唤醒，
人们都想把心中的郁闷尽情宣泄出来，
同时却又感到迷失方向，一时难以适应。
花花世界的外国流行装束，
快速地被一些待业青年盲目模仿，
照单全收，崇洋心态比民国时期有增无减。

上半场 赶时髦

喇叭裤

当下赶时髦的年轻人，
戴蛤蟆镜，留着大鬓角，
唇间蓄着小黑胡，
上身花衬衫，下身喇叭裤，
把整个屁股绷得圆滚滚的，
脚踏黑皮鞋招摇过市，
好一个典型西方嬉皮士的打扮。
二十世纪七十年代末，
正当赶时髦热潮传遍全国时，
这种被抨击为不男不女和颓废的嬉皮士打扮，
在西方早已接近尾声了。

农民西装

他的名字叫农民，但不耕种，
他进城工作，可能是一个老板，
也可能是一个百万富翁。
当西装开始慢慢代替中山装，
成为中国的商人、政治家，
甚至是工人、农民青睐的服饰，
很多农民工不仅平时穿，
在工地和工厂等地方工作时也穿，
因此褶皱的西装、沾着泥土的旅游鞋、
油亮亮的头发，成了中国农民工
典型的一种形象。

老板包

上世纪八十年代香港曾一度流行的老板包，
在内地改革开放后，
先由沿海的个体户老板带头流行起来。
黑色老板包因为其派头大，
于是渐渐进入内地，
在上世纪九十年代初，
老板包已经成为政府官员、
知识分子和工人出行的必备用品。

下半场
富而不贵

排队买名牌

随着中国经济起飞，加上欧美经济低迷，
近年常常出现大批中国旅客，到欧美哄抢名牌的奇特现象。
二零一零年圣诞节，伦敦名店三个顾客中，
就有一个来自中国的客人，名店因此还特地聘请会
说普通话的售货员。中国大款的疯狂扫货，令英国名店大开眼界，
每天名店门口总是大排长龙，长龙中大部分是中国旅客，
中国大款的阔绰令名店营业额大幅上升。
如果名牌能提升一个人的身份和气质，
恐怕那些中国大款要事与愿违，
钱能买回来富丽堂皇，却买不到高贵优雅，
他们的行为正是富而不贵。

17

未来

互补作用

把现代西方和古代中国两个不同时空的文化作比较，本身就不太适当。中国在过往几十年间，在世界经济全球化急速的影响下，把工业革命、现代和后现代三个阶段挤压在一起发展，因而表现得混乱和失去方向，所以当我们需要寻找中国的核心价值时，不得不返回古代去寻找。中国上下五千年的文明，发展出一套有别于西方的价值观，如果拿来与现代西方作对照，而不是比较谁比谁强，会是一个很好的互补作用，再者未来并不是一个独尊的时代，西方经历过度消费的年代后，早在上个世纪六十年代，开始希望寻回失落的精神世界，寻找能回应人类心灵的价值观，来面对未来的生活，而崇尚自然的中国正是他们研究的重要对象。

空间

身体与衣服之间应存着空间

衣服被形容为第二层皮肤，这是现代西方时装设计的主要理念，
西方文化自古相信身体，崇拜身体，用大量裸体雕塑去歌颂身体的美，
西方时装设计师通过裁剪的方法，重塑身体，相信衣服紧贴身体就是美。
中国服装理念则不同，除了受儒家的影响，不主张体形的钩画，
刻意淡化性别，甚至隐藏身体外，更重要的是中国人并不太关心形体是否完美，
认为身体会随着年龄日渐衰老，美的时间短暂，他们追求的是长生不老。
中国人相信气，气的流动是万物的根源，所以身体与衣服之间应该存着空间，
让空气流动，中国传统服装宽衣博带，衣服随身体活动而变动，
美随即产生，也就是说古代中国服装的美，
是从身体与衣服的空间产生出来的，而不是从紧贴身体而得来的。

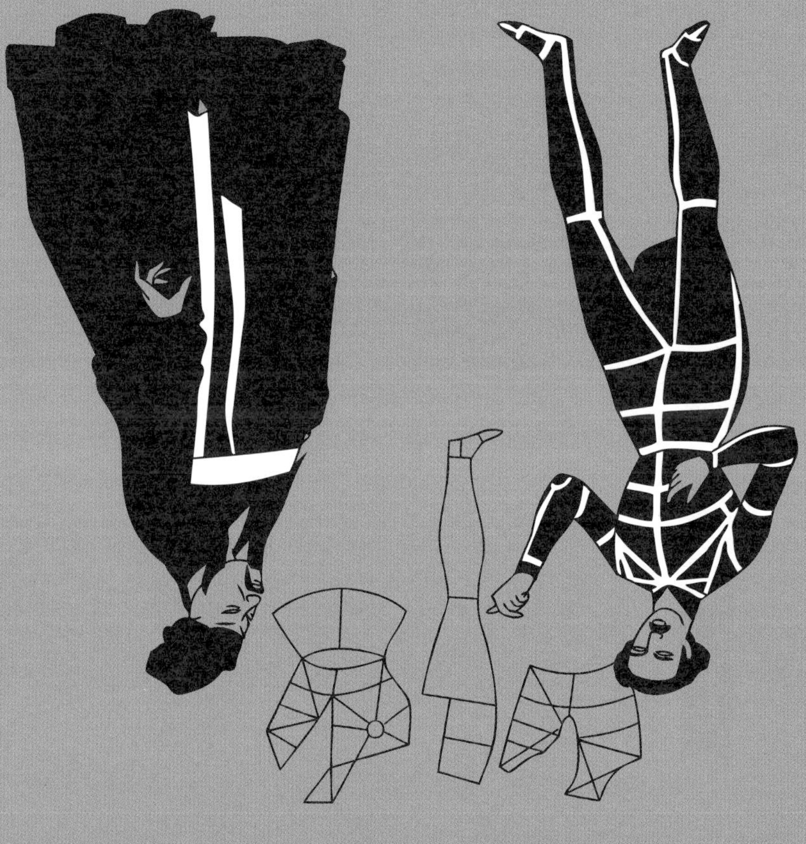

身体

身体的伸延

西方时装的裁剪理念是对大自然的挑战，
例如利用填充物去重建身体的伸延。肩膊是设计师
最喜欢挑战的身体位置，肩棉的利用令肩线形状反地心引力而向上翘起，
西方设计师认为男人应该是这样的，这样的男人很帅气和英伟。
中国传统服装的裁剪理念则有不同的看法，中国人崇尚自然，
不但没有拒抗地心引力，反而对地心引力带来的特点加以利用，
因此同样是身体的伸延，不同的是中国人放弃了肩膊，
选择了衣袖，把衣袖加得特长特宽，走起路来左摇右摆，
中国人认为这样才够气势。因为衣袖宽大，重量增加，
肩膊形成八字形向下斜，使穿者显得柔弱，
是不同的审美观，两者形成强烈的反差。

形色

西方重形 中国重色

西方自古希腊时代已发展几何学，因此对形状特别感兴趣，设计趋向立体感，大大影响服装以后的发展，西服裁剪讲求人体曲线，强调人体结构，因此西服成品本身就是一件立体雕塑。

中国服装走的是另一条道路，中国服装采用直线裁剪，不考虑人体曲线，弃形重色，形成一套正色与间色的观念。中国先民对色彩的认识，从来没有抽离宇宙自然以外，作纯粹的视觉享受，而是将色彩变成礼教和等级化。在中国传统文化观念中，五行的青、赤、黄、白、黑被视为正色，绿、红、碧、紫等其他颜色被视为间色，色彩因此便有了正间等级之别，依此定制服色来区分身份地位的高低，并以图案来丰富内容，所以中国纹样总是图必有意，意必吉祥，平面的色成为中国服装美的核心，立体的形却成就了西方的服装美。

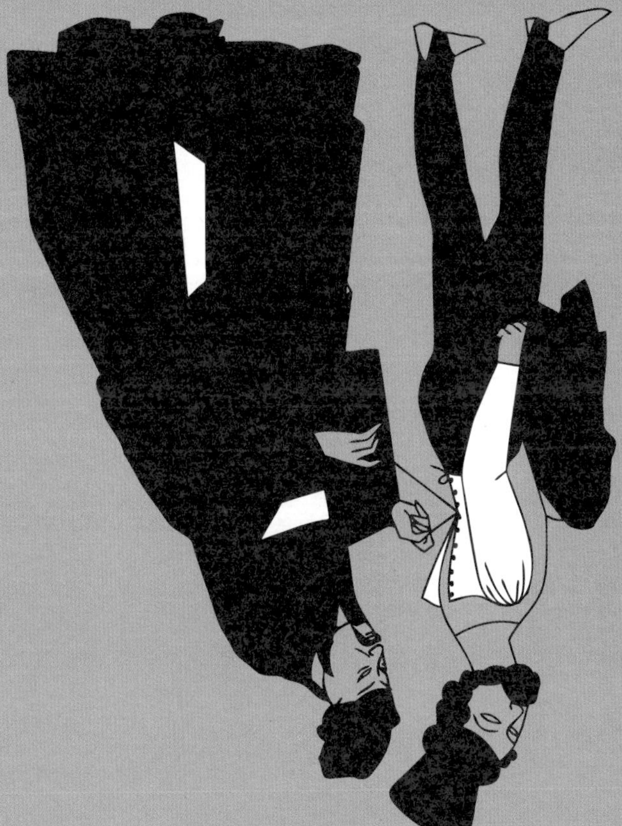

零余

看智慧 看地上

要看设计的智慧，不是看桌上，而是看地上，
当设计师拿着剪刀进行创作时，意味着他可能在创作，
也可能在破坏。现代西服制作工序繁琐，面料被剪得七零八碎，
然后再拼合一起，地上满是残存的碎料，
整个创作过程，需要经过多道破坏与浪费来完成，
问题是这些破坏与浪费真的必要吗？
中国传统服装裁剪特别简朴，追求衣料最大化利用，
地上接近零余布为裁剪最高境界，加上中国传统服装宽身，
尺码自由度高，很是环保，现今在地球资源短缺的环境下，
零余的概念是一种理想的追求，在创作过程中，
希望设计师反思人类与大自然和谐的关系。

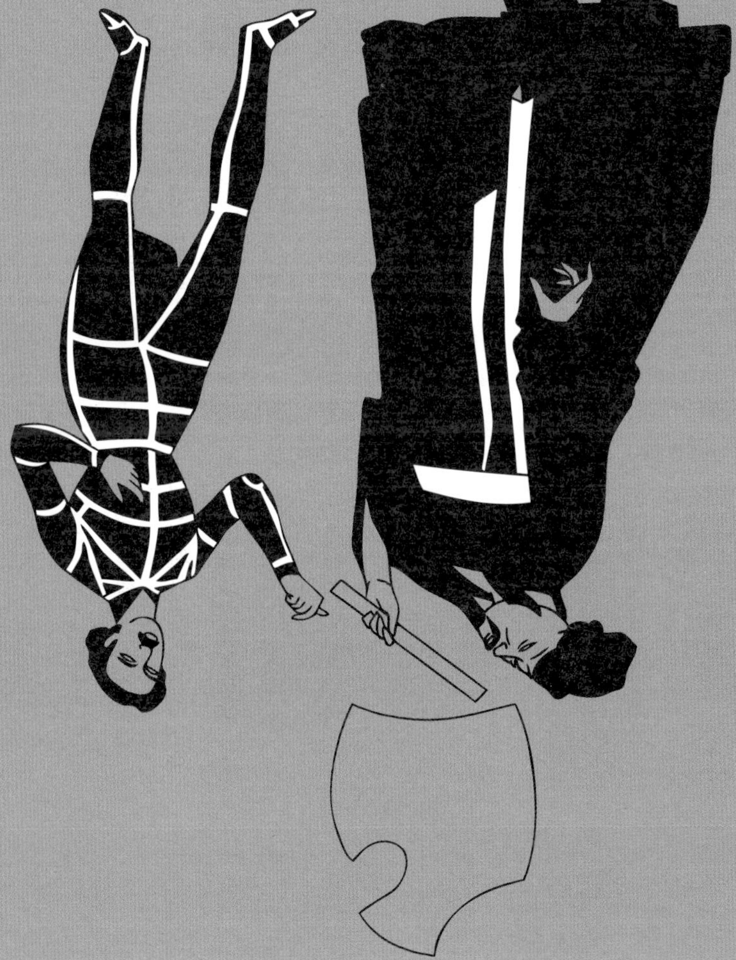

附录一

中西型男面对面

周　周代的服装是上衣下裳，上身是窄袖短衣，下身是及膝围裳，常服以简单为主，方便活动为目的。礼服则不同，颜色、纹样、佩饰都有明确规定，祭祀时要头戴冕冠，身披冕服，冕服绘绣十二章纹，颜色也有正间色之分，上衣用正色，下裳用间色，并在腹下系一块上窄下宽的蔽膝，这套强调尊卑有别的服制奠定了中国服装的基础。

古埃及　古埃及天气炎热，男子无论身份高低，上身都赤裸，下身用亚麻布做的围裙包缠，围裙长短不一，最短的仅可盖过臀部。后来围裙有了褶皱的装饰，并裁剪得棱角分明，而且经过浆洗使褶皱笔挺，增加了立体感，并在身体腰前形成一个三角形，非常华丽，由于当时的亚麻布染色难，所以围裙多为白色。古埃及男子很臭美，他们剃光头，戴假发，洒香水，涂橙色胭脂，并勾出粗黑的眼线。

春秋战国　春秋战国时期流行一种全新款式，名为深衣，不再是上衣下裳分开裁剪，而是上下相连。深衣意思就是将身体深藏，特点是续衽钩边，续衽就是把衣襟加长裁剪成三角形，穿着时绕至背后并用腰带扎紧；钩边就是在领、袖、襟和裾的边缘都镶了一道厚实的锦边。深衣可算是儒家思想在服装上的极端体现，容不得丝毫的肌肤显露，因为显露身体被认为是无礼。

古希腊　爱琴海文明的男子天性酷爱体育，常锻炼体魄，所以肌肉发达，比例匀称，特别强壮。这时期男子在公众场所裸体是平常事，裸体被认为是力与美的表现，因此这时期的奥林匹克运动会，运动员都是全裸比赛的。除裸体外古希腊男子还会穿短裙和整块布做成的披身外衣，不论短裙或披身外衣，其审美情趣同样是展示力与美。古希腊男子非常注重妆容，喜爱化妆，喷香水，修饰胡须，还有把头发烫成波浪卷。

汉　汉代提倡复古周礼，进一步发展周礼的冠冕制度，比周代更为繁杂，并以冠定服，因此冠帽在汉代成为区分等级的重要标志。此时期深衣慢慢退出舞台，袍开始流行。丝绸之路开通加速经济繁荣，丝织业发达，服装发展因而转向面料，金银错镂的丝绸，多彩的印染纹样，穿着开始由简约转向奢华，加上金玉并用的佩饰和繁杂的冠帽，使得汉代服装整体给人感觉是威武有余，潇洒不足。

古罗马　托加是古罗马时期最有代表性的服装，呈半圆形，长度为身高三倍，宽度为二倍。托加的包缠简单但巧妙，先将三分之一的布留在前身，其余部分从胸前向左肩披过，绕过背后至右腋下，再经过胸前回到左肩并将余下部分向背后垂下，完成后整个右臂是可自由活动的。托加一般是羊毛制成，所以褶皱十分沉重，显得庄重高雅。不同的人穿托加，有不同的效果，因为体形和包缠的些微变化，形成的立体造型人人不同。托加虽然把身体重重包裹，但实际很容易从身上脱落，在那包裹与脱落之间，托加显得特别有个性。

魏晋　魏晋时期战乱频繁，南北民族服装大融合，国家分裂，民不聊生，名士们处于痛苦之中。他们主张越名教，任自然，竹林七贤就是这方面的代表人物，他们的服装阔袍大袖，袒胸露体，这种别具一格的服装叫衫，衣袖宽松，衣料轻薄，无袖祛，前中用带系缚，没有衬里的单衣。从魏晋开始，从某种意义说，传统汉民族服装不再纯正，华夏服装革命性地改变了，走进历史的新一页。

拜占庭　随着基督教文化的展开及提倡禁欲主义，穿着变得端庄正派，服装把身体紧紧包裹，目的是要淡化性别，因此产生了一种呆板的 T 形服装。T 形服装裁剪虽然单调，但面料却出奇的华丽，原因是当时深受东方文化影响，服装色彩变得亮丽，而且镶有珍珠刺绣，非常引人注目，使得原本呆板的裁剪与奢华的面料形成一个很大的反差。讽刺的是在那充满华丽刺绣和宝石珍珠的丝质外袍下，却是一个个被宗教压迫的身体。

隋唐 当西方走进文化黑暗的中世纪时期，中国却迎来一个思想开放，气势恢弘的盛世，隋唐服装广收胡服特色，为后世的衣冠服饰开创新方向。隋唐之前，官服都是利用图案和佩饰来区分，此时改用颜色来区分等级，又大胆开创使用间色，把紫色奉为上品服色，深深影响后代对颜色的观念。隋唐男子的穿着带有浓厚胡服色彩，头戴幞头，身穿圆领袍衫就是唐代男子的流行形象。

中世纪前期 北方日耳曼人攻打罗马时，同时把他们的北方紧身服装带到了南方，为西方服装发展开拓了新道路。日耳曼衣服普遍合体和短小，男子上身穿紧身衣和斗篷，斗篷有圆形、三角形和长方形，用别针固定在肩上，下身穿裤和裹腿布，裤管很窄，就像紧身裤一样，这种强调下肢线条的紧身裤，影响后来男装裤向袜裤型的方向发展。

宋 宋代在程朱理学的思想下，主张存天理灭人欲，服装失去了唐代的大气和活泼，转为保守和淡雅。服制规定颜色必须淡素，面料严禁奢华。宋代虽说维护汉族服制传统，其实是沿袭唐代的圆领袍衫而已，只不过袖口变得特别阔大。宋代的首服幞头很特别，因为幞头已经完全脱离了原先的巾帕形成，变成一种帽子，幞头的脚最长可达一丈，非常夸张。整体来说，宋代服装在形制上失去了唐代的革命精神，相反倒退回早期的封建社会。

中世纪后期 中世纪后期有一种分色服，左右不同色的，分色裤子非常紧窄，像袜裤，怪异有趣，上身配喇叭袖收腰短上衣，再配上尖头鞋，整体效果显得特别修长。中世纪后期是西方服装由古代到近代的转折点，因为中世纪后期以前，男女基本同形，到了中世纪后期，男女服装差别开始明朗化，这变化有赖于立体裁剪的确立，专业裁缝在这时候开始出现，个性化的立体裁剪从此介入了时装。

明 明代皇帝的常服是圆领窄袖龙袍，龙是中国人上古时期心中的吉祥动物，到了明代已完全是皇帝独有的标记，专制权威的象征。此时期补子成为新的区分官阶方法，补子绣上禽兽纹样，文官补子绣禽纹，代表文明；武官补子绣兽纹，代表威武。明代服装工艺制作水平极高，令人惊叹，遗憾的是西方已向现代文明前进时，明代仍继续封建社会的专制思想。

文艺复兴 文艺复兴运动结束了中世纪宗教神学长达一千年的思想统治，迎来了新时代的曙光。文艺复兴思想的核心是人文主义，个人意识加强，对人性的赞美，重新肯定人的价值，冲破禁欲主义，表现人体造型美，并强调性别的差异。男性造型流行宽大上身和紧窄下体，特别强调突出下身线条，到了十七世纪的巴洛克时期，男子造型更加夸张，服装有四个设计特点，切口、轮状皱领、填充衬垫和强调性部位的下体盖片，加上流行穿吊袜带和长筒袜，整体造型极度华丽而怪异，甚至带点女性化。

清　清人统治中国后，男子服装改为满洲样式，服制非常繁琐，具有繁缛精细的工艺，艳丽愉悦的色彩，加上图必有意，意必吉祥，所以清代服饰具有浓厚的财气、媚气和工匠气，设计风格，虽集历代工艺的大成，却失去独特的个性。此时西方已大大抛离中国，急速向现代化前进，中国还处于一个僵化的旧社会中，不知进取。

十八世纪　在巴洛克风格基础下发展了洛可可风格，洛可可风格虽然继续华丽，但明显转为小巧轻盈。直至十八世纪中期英国工业革命，穿着又进一步改变，人们纷纷穿起腰身放宽、下摆减短的上衣，加上十八世纪末期的法国大革命，封建贵族终被赶下历史舞台，同时也赶走了过度装饰的服装，继而平民阶层的服装成为新时尚。简洁挺拔、稳重端正的三件头组合套装在这时应运而生，并不断改良，最终在十九世纪后期确立了现代西方反折领男装的基础。

民国　一九一一年辛亥革命结束了中国封建社会的服制，随之而来的大变革就是断发易服，在新时代里，旧社会服装被认为有碍邦交、卫生和进步。在殖民地色彩浓厚的上海，随处可见一些留学归来的年轻人和外交官，开始穿起代表文明的西装革履，配以中式长衫马褂。这种中西合璧的穿着方法完全颠覆了传统的审美标准，有人说是光怪陆离，不伦不类，也有人说是入型入格，确实好看。就在这样的社会背景下，中国人在服装审美判断上种下了崇洋的心态，自此之后深深影响着每个中国人。

二十世纪　二十世纪西方社会迅速发展，服装与社会有着密切的关系，敏锐地反映着社会的变化和演进，这时期不同风格的设计百花齐放，很是热闹。但从另一方面来说，正因为服装与社会文化有着密切的关系，而主流意识又将男性的成功定义等同在金钱上，结果形成三件套男装的设计只专注在端庄稳重的形象里来回，失去了以往强调个性的设计，而显得保守和沉闷。

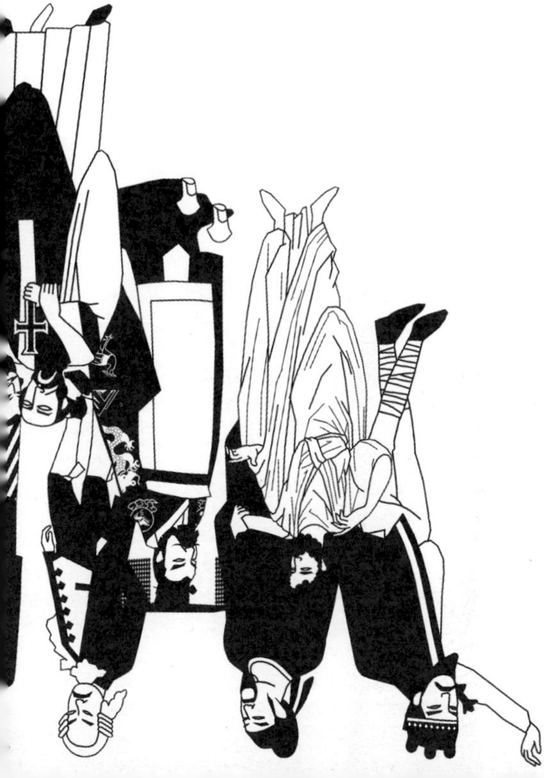

附录二

历代写真集

秦

秦始皇

春秋战国

老子

孔子

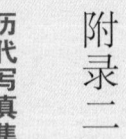

管仲

司马昱
司马睿
刘邦
魏晋
汉
周瑜
诸葛亮
司马迁
苏武

李渊

李隆基

李世民

唐

杜甫

李白

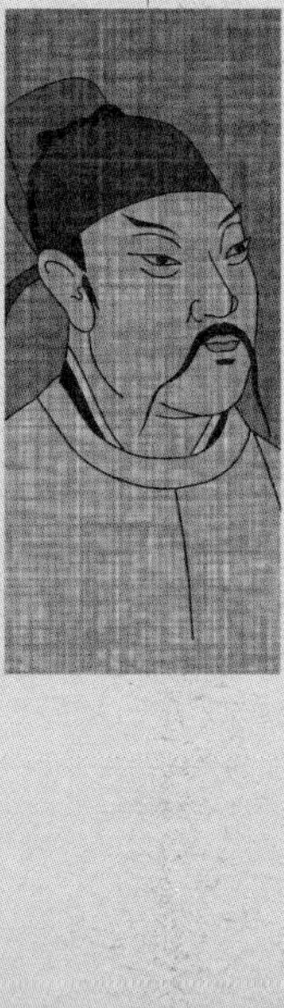

李广

关羽

宋

赵匡胤

赵昀

苏轼

岳飞

文天祥

元

成吉思汗

忽必烈

朱元璋

爱育黎拔力八达

窝阔台

明

郑成功

范仲淹

包拯

溥仪

努尔哈赤

清

林则徐

附录三

历代男装述要

周

上衣 下裳

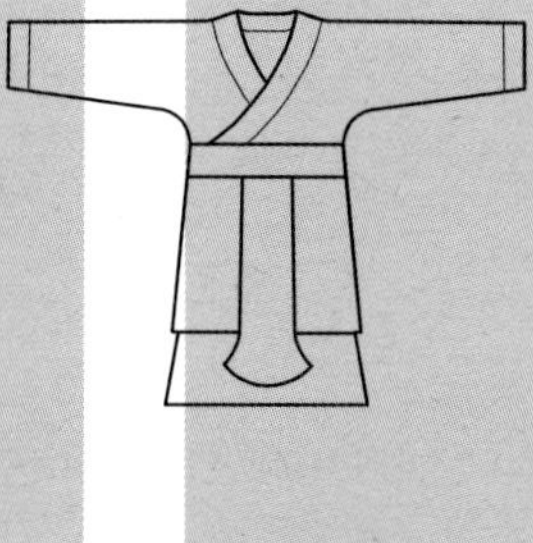

春秋战国

深衣

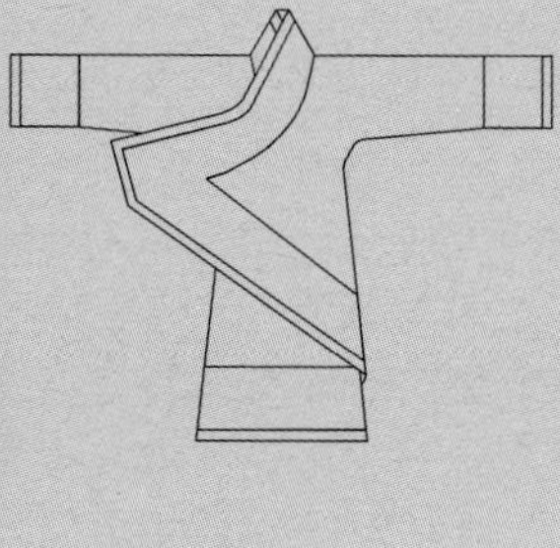

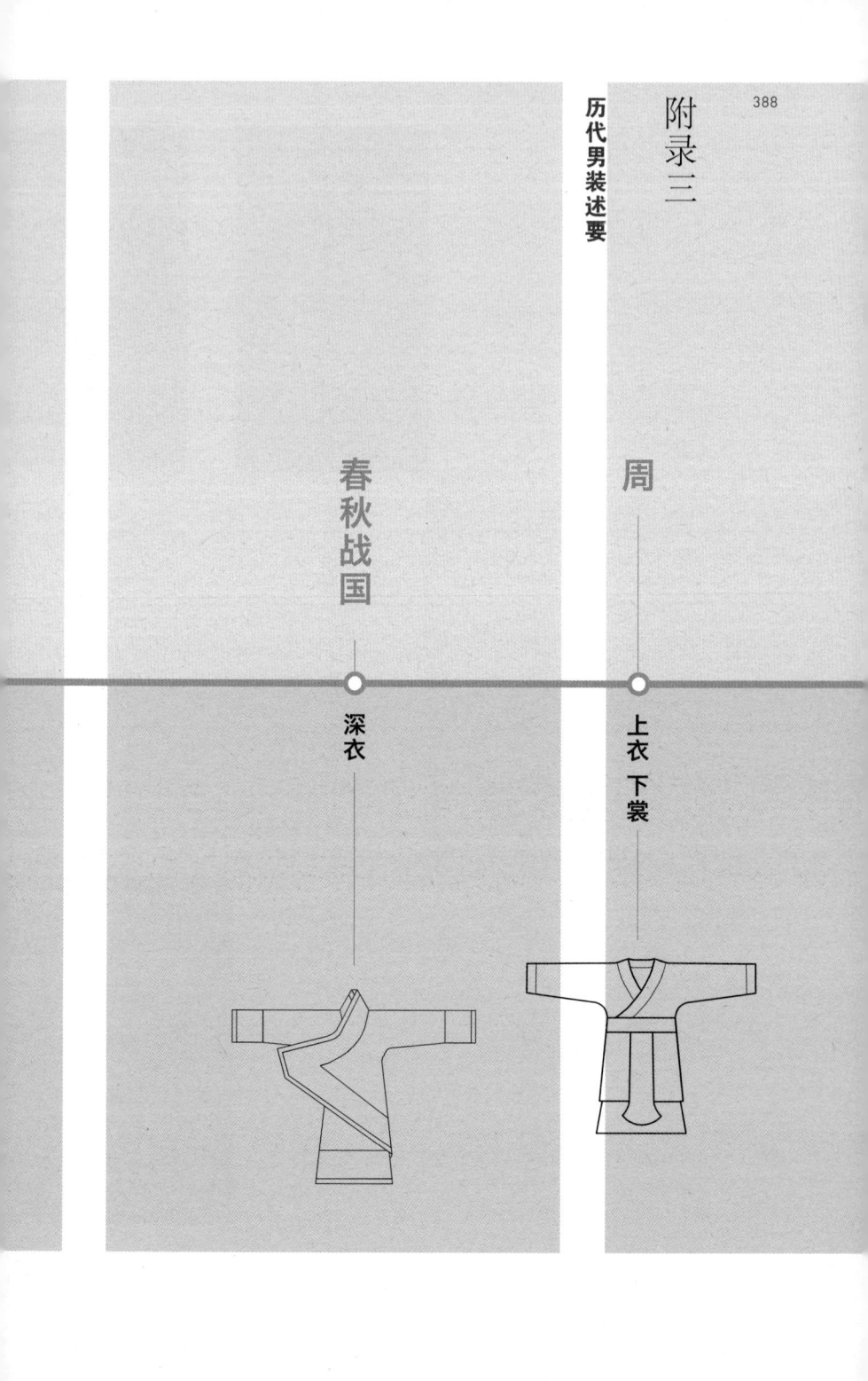

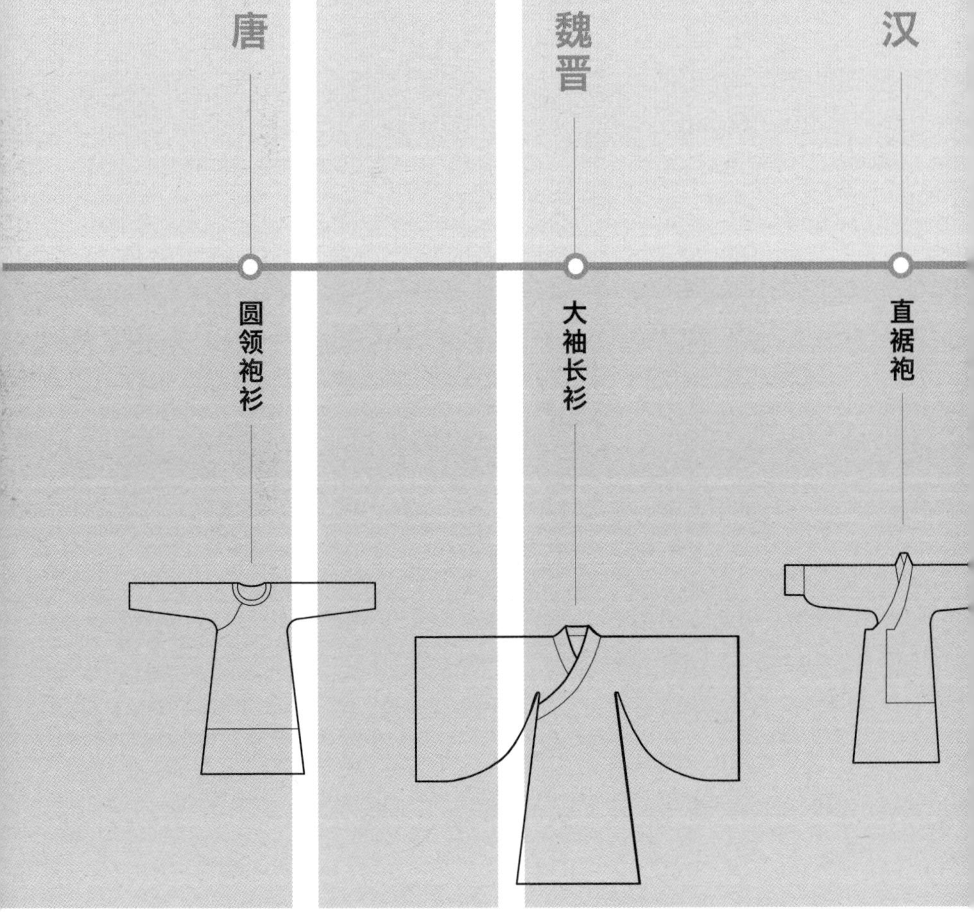
唐
圆领袍衫
魏晋
大袖长衫
汉
直裾袍

明

补服

元

辫线袄子

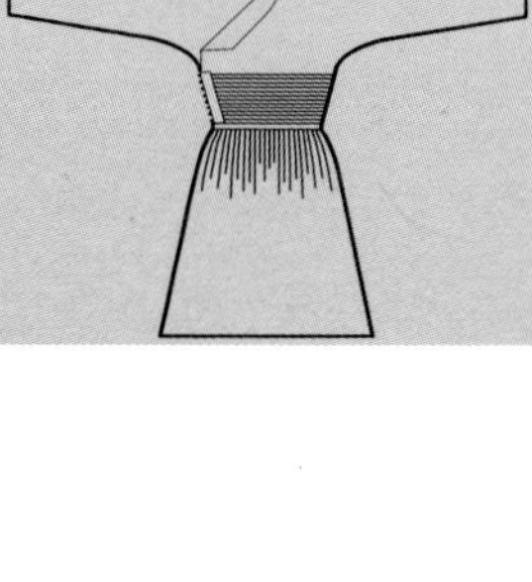

宋

襴衫

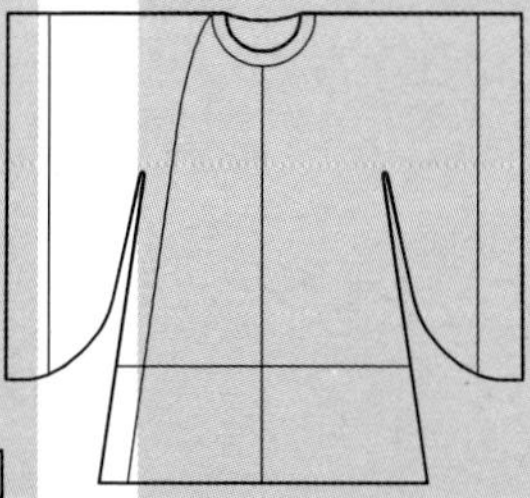

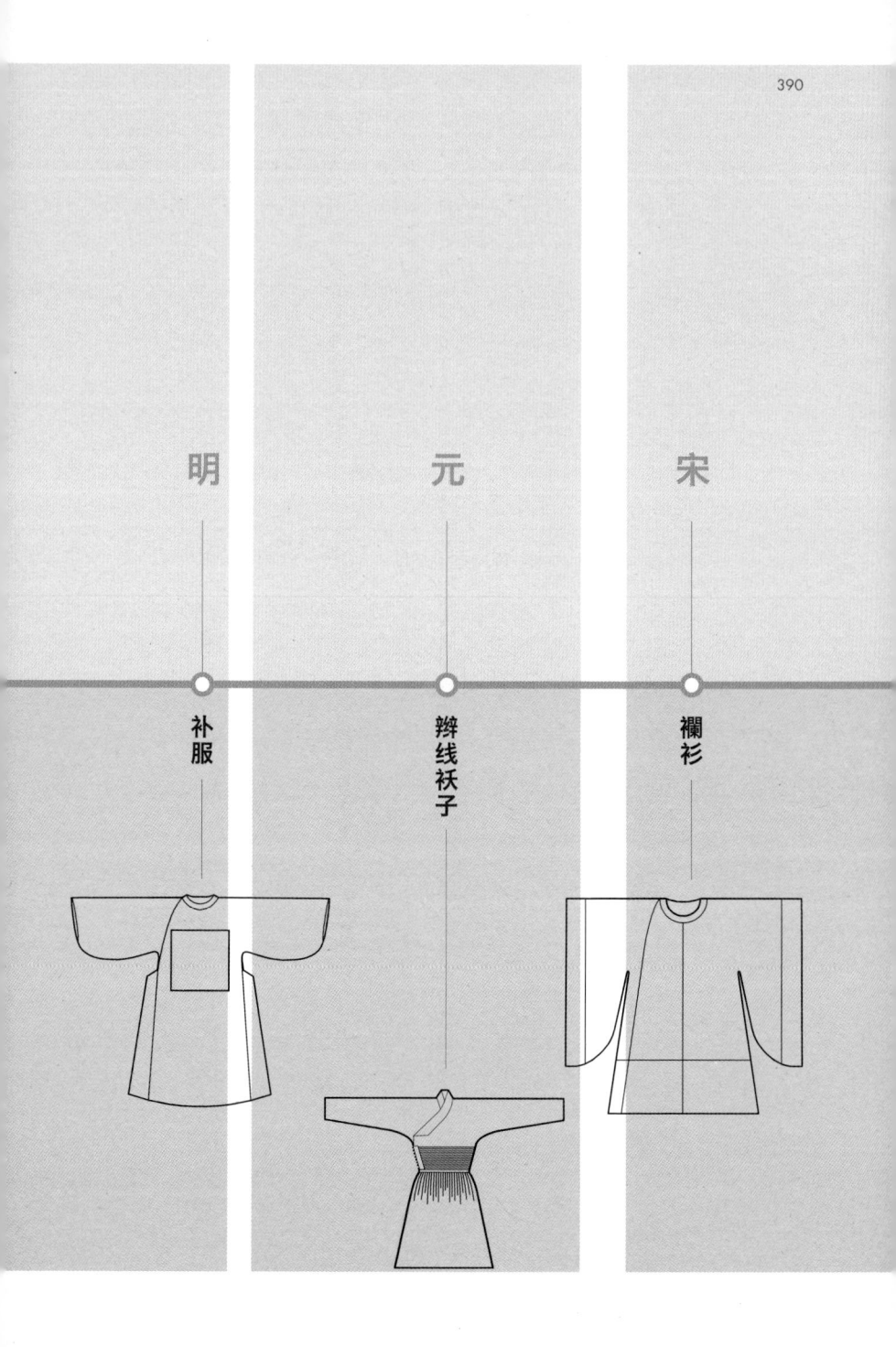

新中国

中山装

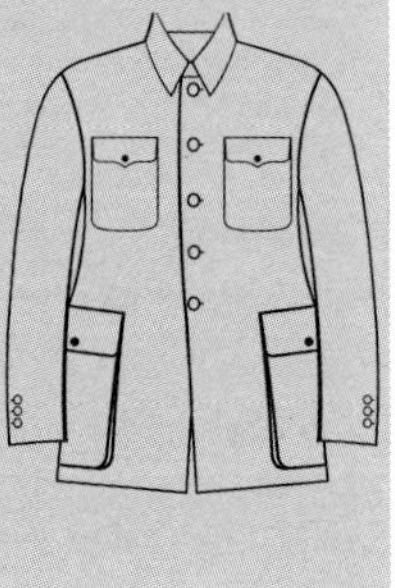

民国

长衫马褂

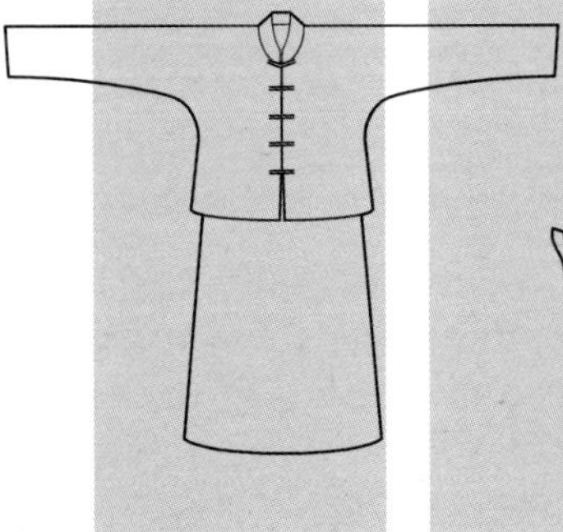

清

龙袍

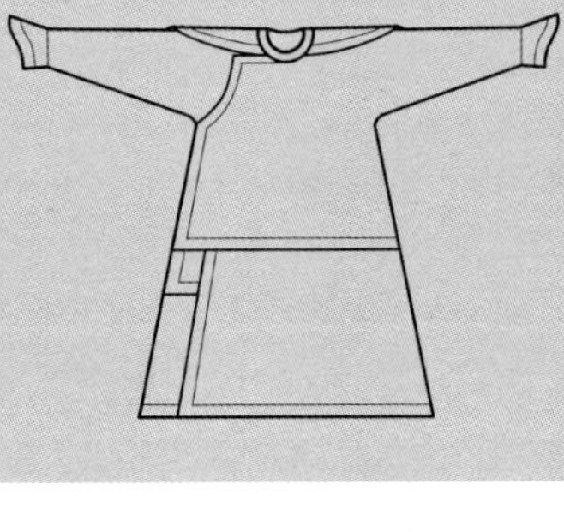

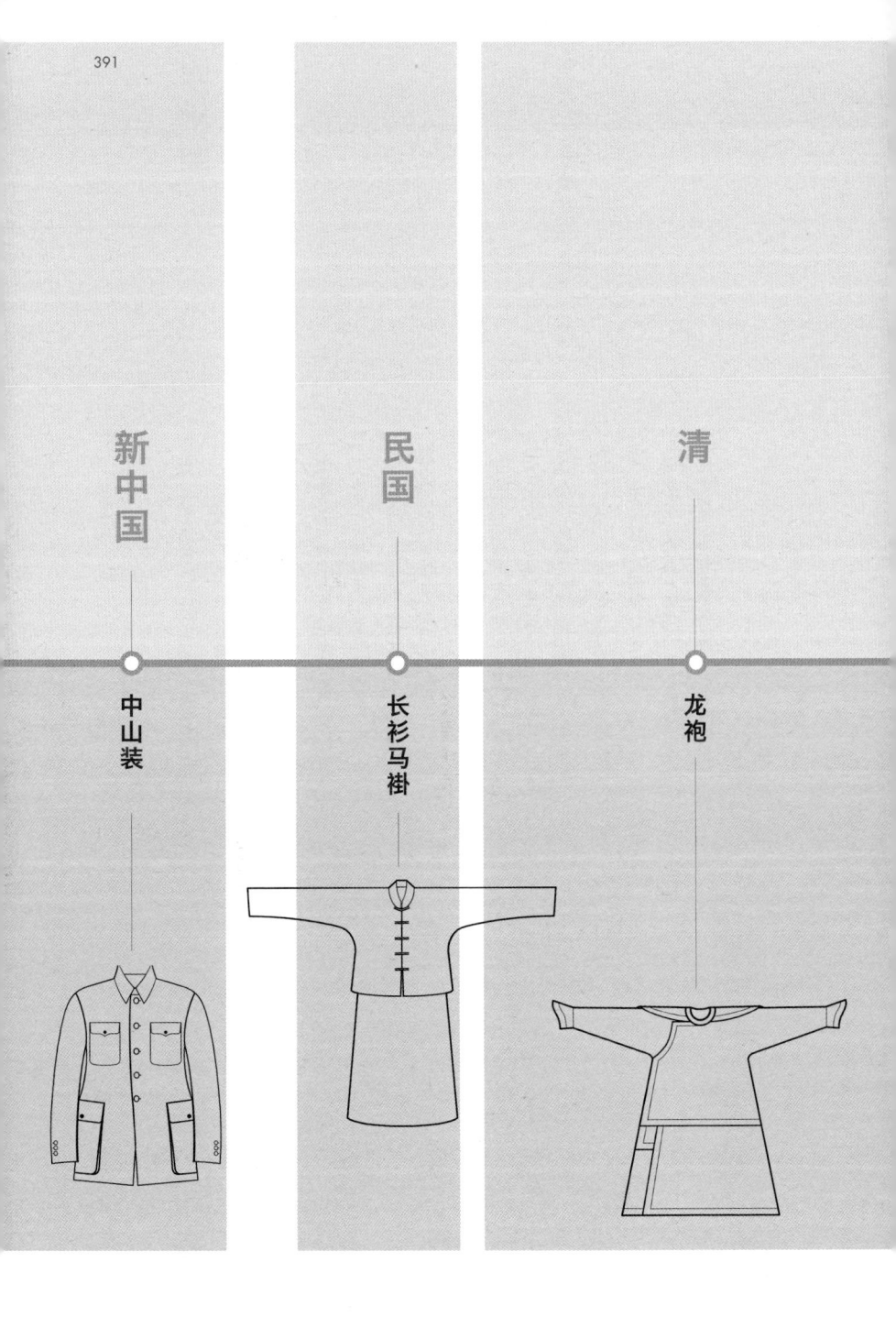

附录四

参考书籍

《中国古代服饰研究》沈从文编著 香港商务印书馆 1981

《中国历代服饰艺术》高春明著 中国青年出版社 2009

《中国服饰五千年》上海市戏曲学校中国服装史研究组编著 香港商务印书馆 上海学林出版社 1984

《中国服饰造型鉴赏图典》孔德明主编 上海辞书出版社 2007

《中国服装史》袁仄主编 中国纺织出版社 2005

《中华男装》丁锡强著 上海学林出版社 2008

《汉服》蒋玉秋 王艺璇 陈锋编著 青岛出版社 2008

《中国内衣史》黄强著 中国纺织出版社 2008

《近代中国男装实录》包铭新主编 东华大学出版社 2008

《中国龙袍》黄能馥 陈娟娟著 紫禁城出版社 漓江出版社 2006

《Q版大明衣冠图志》董进著 北京邮电大学出版社 2011

《中国古代军戎服饰》刘永华著 上海古籍出版社 1995

《画说中国历代甲胄》陈大威著 上海书店出版社 2009

《画说世界军服》崔海源 方文素著 上海书店出版社 2009

《中国少数民族服饰》钟茂兰 范朴编著 中国纺织出版社 2006

《中国头饰文化》管彦波著 内蒙古大学出版社 2006

《中华鞋经》 张印周主编 东方出版社 2008
《中国设计史》高丰著 广西美术出版社 2004
《中国纹样史》田自秉 吴淑生 田青著 高等教育出版社 2003
《中国风格的当代化设计》 冯冠超著 重庆出版社 2007
《中西色彩比较》 李广元 李黎著 河北美术出版社 2006
《中国传统色彩图鉴》 鸿洋编著 东方出版社 2010
《中国符号》 易思羽主编 江苏人民出版社 2005
《中国龙文化》 庞进著 重庆出版社 2007
《图说中外文化交流》 杜文玉 林兴霞编著 世界图书出版公司 2007
《狂与狷》 周淑兰著 当代中国出版社 2007
《隐士》 纳兰秋著 海鸽文化出版图书有限公司 2009
《洗尽铅华》霍仲滨著 首都师范大学出版社 2006
THE MAN OF FASHION Colin Mcdowell Thames & Hudson 1997
MODERN MENSWEAR Hywel Davies Laurence King Publishing Ltd. 2008
A HISTORY OF MEN'S FASHION Farid Chenoune Flammarion 1993

后记

我常常想如果中国首先进入现代文明，全世界的人都穿着中式服装，每个人身上都披着现代版唐装或改良版汉服，这样的话，流行时尚又会是怎样的一番风景？其实西方的服装形制在文艺复兴之前，与中国没多大分别，服装的角色同样是为了服务皇家或宗教，阶级同样分明，裁剪同样平面。文艺复兴后西方开始主张以人为本，强调个性，而中国仍延续封建传统的服装理念，从此西方与中国才各走各路。

现代生活要求方便和卫生，服装追求体形美，强调个性的西服比阔袍大袖的中服更能符合现代标准，才形成现代以西服为主的潮流，这种发展方向是必然的，历史不能重来，一切假如都没多大意义。不如换个角度看，我们应感谢西方完成了工业革命，感谢他们在现代服装设计与制造上的贡献，如果中国能在此基础上加以改良及完善，并以中国传统独有的审美与内涵，创造出适合人类未来理想生活的服饰，并与大自然和谐相处，这会是中国服饰给予世界最好的贡献。

在现代人眼里，时装就等同女装，所以男装一直没有得到像女装那样的关注，其实在人类服装史上，男装本是服装的核心，女装是由男装理念发展而来的，再加上普遍认为时尚只属于西方，中国与时尚无关，因此，男装和中国两个概念就在我脑海产生，然后就有了想写一本有关中国男装的书。计划从二零零八年春开始，直至二零一一年秋完成，回想起来，才惊觉一千三百多个晚上过去了，写作过程是神奇的、漫长的、孤独的，也是享受的，中国服饰博大精深，此书得以完成，要感谢前辈们在这方面的研究成果，对我整理此书有很大的帮助。

鸣谢

设计及文化研究工作室负责人赵广超先生宝贵的意见

罗凤仪小姐的设计及排版工作

ELEENA YU 小姐的鼓励

PATRICK LAM 先生的鼓励

ALTERNATIF FASHION WORKSHOP 成员一直的参与

香港艺术发展局的大力支持

三联书店（香港）和三联国际的编辑及设计团队全力配合